黑白涂记

建筑钢笔画手绘技法

韩光　宁宇航　著／绘

人民邮电出版社

北京

图书在版编目（CIP）数据

黑白涂记：建筑钢笔画手绘技法 / 韩光，宁宇航著、绘. -- 北京：人民邮电出版社，2019.10
ISBN 978-7-115-51196-6

Ⅰ．①黑… Ⅱ．①韩… ②宁… Ⅲ．①建筑画－钢笔画－绘画技法 Ⅳ．①TU204

中国版本图书馆CIP数据核字(2019)第083941号

内 容 提 要

　　钢笔画因其独特的美感和有趣的绘画形式，深受大众喜爱。本书将壮观的建筑物通过黑与白的强烈对比表现出来，带给观赏者美的享受。同时，本书绘制技法简单，讲解透彻，呈现的效果生动，初学者可轻松入门。

　　本书共分为7章，从认识钢笔画工具与线条练习入手，细致地讲解了钢笔画中常见的绘画技法、透视原理。本书结合具体的案例练习，先讲解了不同建筑物的绘制方法，透视原理在具体建筑物的应用，让读者能从具体案例中快速掌握钢笔画绘制技法要领。然后结合具体案例详细讲解了画面的黑白灰关系、疏密关系、空间关系和整体关系，使读者学会画面中各种关系的处理。最后，综合概念建筑、欧式建筑、国风建筑的不同案例进行讲解，使读者绘制不同风格的建筑物时，掌握更加实用的绘制方法。本书共有70个经典建筑案例，每个案例绘制清晰，从易到难，适合零基础的美术爱好者学习。

　　本书适合作为初学者和美术爱好者的入门工具，也可作为美术培训机构和院校的教材。

◆ 著 / 绘　　韩　光　宁宇航
　　责任编辑　　何建国
　　责任印制　　陈　犇

◆ 人民邮电出版社出版发行　　北京市丰台区成寿寺路 11 号
　　邮编　100164　　电子邮件　315@ptpress.com.cn
　　网址　http://www.ptpress.com.cn
　　三河市中晟雅豪印务有限公司印刷

◆ 开本：787×1092　1/16
　　印张：12.5　　　　　　　　　　　　2019 年 10 月第 1 版
　　字数：314 千字　　　　　　　　　2019 年 10 月河北第 1 次印刷

定价：59.80 元

读者服务热线：(010)81055296　印装质量热线：(010)81055316
反盗版热线：(010)81055315
广告经营许可证：京东工商广登字 20170147 号

目录

第 2 章
不同元素练习

第 3 章
画面处理

第 4 章
一点透视原理及练习

第 5 章
两点透视原理及练习

第 6 章
三点透视原理及练习

第 7 章
综合练习

第1章

认识工具与
线条练习

● 工具介绍　　　● 基本线条练习

1.1 工具介绍

钢笔画的绘画工具种类繁多，常用到的绘画工具是笔、墨水和纸，也可根据画作的整体效果需要，选用一些其他工具作为辅助工具。

笔

钢笔

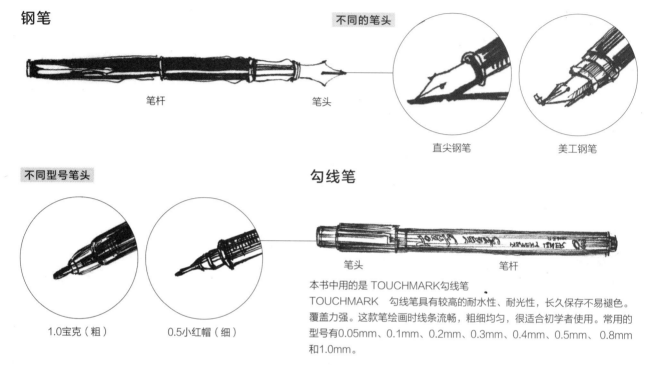

笔杆　　　　　　　　　笔头

不同的笔头

直尖钢笔　　　　　美工钢笔

不同型号笔头

勾线笔

笔头　　　　　　　　　笔杆

本书中用的是 TOUCHMARK勾线笔
TOUCHMARK　勾线笔具有较高的耐水性、耐光性，长久保存不易褪色。覆盖力强。这款笔绘画时线条流畅，粗细均匀，很适合初学者使用。常用的型号有0.05mm、0.1mm、0.2mm、0.3mm、0.4mm、0.5mm、0.8mm和1.0mm。

1.0宝克（粗）　　　　0.5小红帽（细）

墨 水 与 纸

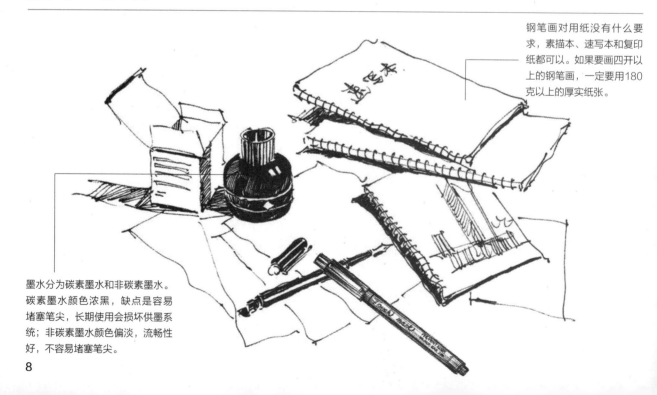

钢笔画对用纸没有什么要求，素描本、速写本和复印纸都可以。如果要画四开以上的钢笔画，一定要用180克以上的厚实纸张。

墨水分为碳素墨水和非碳素墨水。碳素墨水颜色浓黑，缺点是容易堵塞笔尖，长期使用会损坏供墨系统；非碳素墨水颜色偏淡，流畅性好，不容易堵塞笔尖。

*1.*2 基本线条练习

　　钢笔画通过线条来表现不同物体的轮廓和形态结构，通过线条的疏密变化，表现物体的立体感。线条在钢笔画中是非常重要的表现元素，钢笔画的基础训练先从画各种不同和多变的线条练习开始。

线 条 练 习

快直线

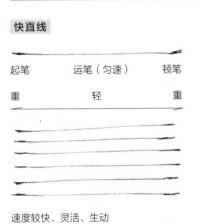

速度较快、灵活、生动

竖线

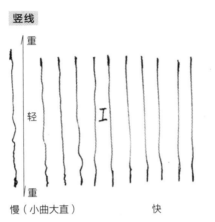

慢（小曲大直）　　　快

转折线

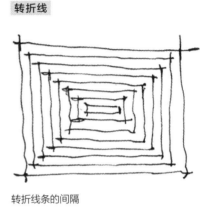

转折线条的间隔

慢直线

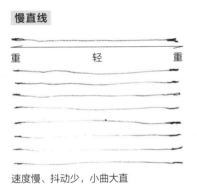

速度慢、抖动少，小曲大直

斜线

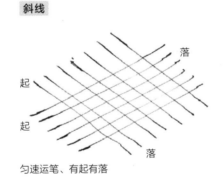

匀速运笔、有起有落

米字线

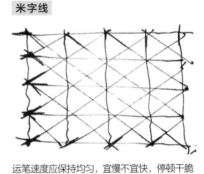

运笔速度应保持均匀，宜慢不宜快，停顿干脆

张线

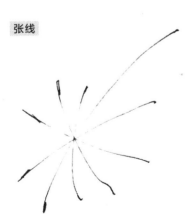

确定中心点，快运笔

破线

用笔力量应适中，保持平稳

・小课堂・

用线条表现物体的肌理质感和特征：线条方正顿挫——刚硬物体；线条轻柔委婉——飘逸飞扬的物体。

9

线条疏密

横线的疏密对比

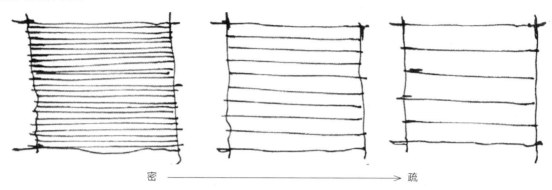

密 ⟶ 疏

竖线的疏密对比

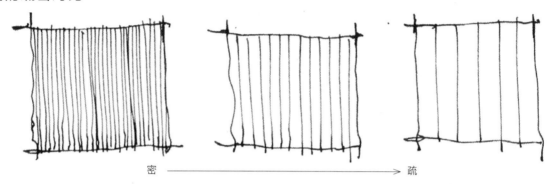

密 ⟶ 疏

横竖交叉线的疏密对比

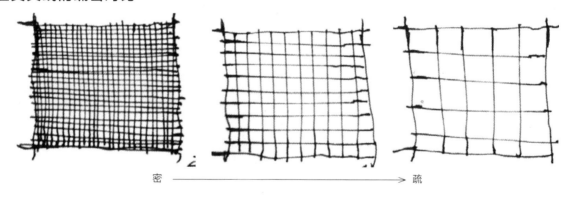

密 ⟶ 疏

斜交叉线的疏密对比

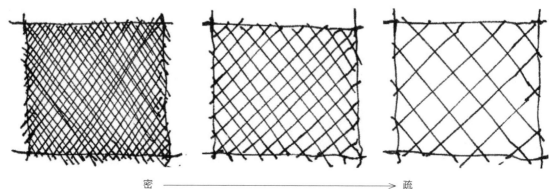

密 ⟶ 疏

综合的疏密对比

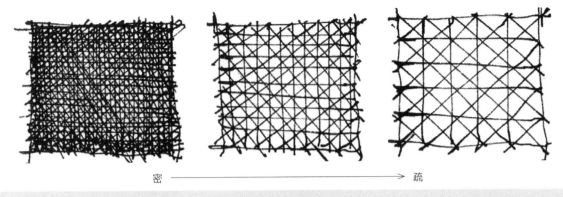

密 ——————————————→ 疏

创 意 线 条

　　创意线条是指以线条为元素，进行长短、疏密、直曲、粗细的不同搭配组合，形成不同图案，表现出不同的创意效果。在绘制过程中要充分发挥自己的想象力，运用创意线条让作品更具独创性。

第2章

不同元素练习

● 植物练习　　● 石材练习　　● 水体练习　　● 人物练习　　● 交通工具练习

2.1 植物练习

建筑画中的植物可以起到装饰环境、调整画面氛围的作用。下面就对不同的植物元素进行练习。

单体植物练习

平面植物练习

立体植物练习

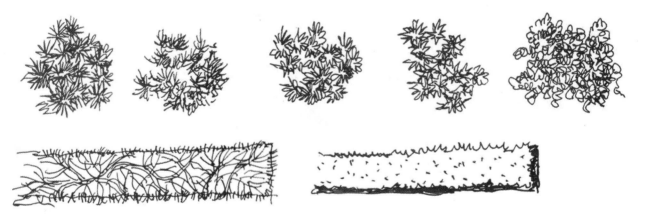

植物元素（凹凸线条、V形线条、元字线条）

A 正半圆线条（圆弧）

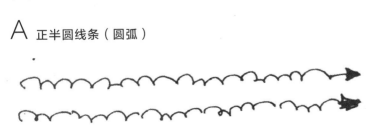

练习方法

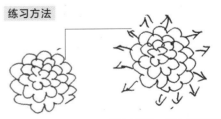

不同方向画法，每个角度都有

B 反半圆线条（折线）

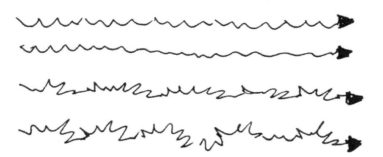

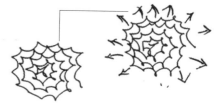

练习方法

不同方向画法，四周呈发射状。

C 形字线条（WM）

练习方法

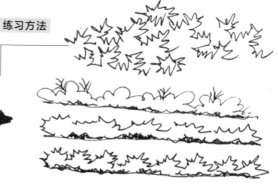

"W+M"组合

各种树种

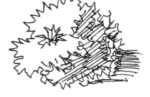

A 灌木

灌木的特点是叶子小巧，绘制时为表现出灌木的体积感，要画出灌木整体外部轮廓，同时注意光线与投影的关系，背光面与投影的绘制方法要区分开。

B 乔木

绘制乔木时，要用线条绘制出大的明暗关系和阴影，整体画出外部轮廓，无须添加细节。

C 草本植物

绘制草本植物时边缘要明确，注重体积感、层次感以及阴影的表现。

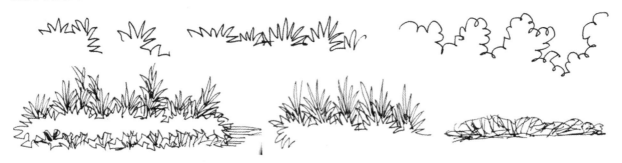

D 热带植物

热带植物的枝叶绘制比较复杂，例如椰树的枝叶比较繁杂，绘制时由一个中心发散，要处理好叶片之间的疏密关系。

E 花卉

花卉的表现通常是以花心为起点，花瓣向外延展，最后添加枝干和叶片。

·小课堂·

在绘制钢笔画中的植物时不要刻画细节，在建筑物为主的画面中植物只起到陪衬作用，在绘制中把握好近实远虚，近大远小的透视关系，画出大致轮廓和明暗关系即可。

组合植物在画面中要高低错落，以丰富画面整体效果、增加真实感。

·小课堂·

组合植物在建筑绘画中是较为常见的，形态各异的植物不仅能丰富画面，还能使整个绘画作品看起来饱满、生动。在绘制中要明确各类植物的外形特点，注重神韵的表现。

2.2 石材练习

　　自然界中的石材种类繁多，形状也千变万化。在钢笔画中常见的石材多表面粗糙、坚硬。在自然风景和古老的寺庙建筑绘画作品中常有石材出现，在绘制中要把握好石材的质感。

平面石材

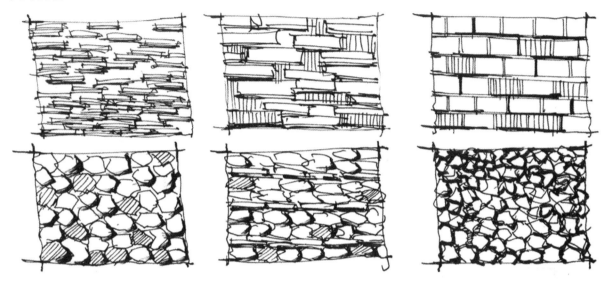

硬线石材

线条硬朗，质感强烈、坚硬。

软线石材

线条圆滑，质感柔和、自然。

·小课堂·

硬线石材的绘制中，线条要肯定，以表现出石材坚硬的质感、使石材具有骨感。
软线石材的绘制中，边缘线条不要求十分明确，但要注重体积感。在刻画一组石材时，要注意整体的透视关系，处理好明暗关系，画出石材厚重的体积感。

2.3 水体练习

水体就像是一面镜子，倒映着水边风景、天空的影子，使平静的水体灵动起来。在绘制水体时，要把握好和周围环境的关系，突出水体的质感，并注意整体效果的把握。

静态（水平面）

在刻画平静的水平面时，要把主要的波纹刻画清楚，次要的波纹概括处理。用笔要细腻，线条要流畅。同时画出水中倒影。

动态（瀑布）

绘制流动的水要根据水流的方向排线。水流湍急时溅起的水花可以用圆圈和小圆点来表现。

· 小课堂 ·

平静水面的倒影，要按水的波纹走向，用流畅的线条绘制出来。倒影中的细节例如水面漂浮的杂物、岸边随风浮动的花草以及天空中的云朵，不用做详细绘制。

绘制动态的水体时，水的流势、形态、方向要明确，要用直曲、疏密、长短相兼的线条绘制。并要注意表现出不同水体的细节特征，如飞溅的水花（圆圈、小圆点表示）、湍急的水流（急促的直线）和潺潺小溪中的波纹（流畅的曲线）。

2.4 人物练习

钢笔画中的人物可以起到烘托环境、活跃气氛、调整画面构图的作用。为较快掌握建筑画中的人物画法，在绘制时要把握好人物的动态、比例、形体结构，在平时要多加练习人物速写。

概括人物

在钢笔画中绘制人物时，要做简化处理，画好其主要动态与比例，处理好前后遮挡关系即可。

· 小课堂 ·

成年人的身体可近似分成8个等份，一般头部占身高的1/8。儿童的身体比例与成人的不同，他们在成长期间是变化的。幼儿的头占身高的1/4，少儿的头部占身高的1/5。

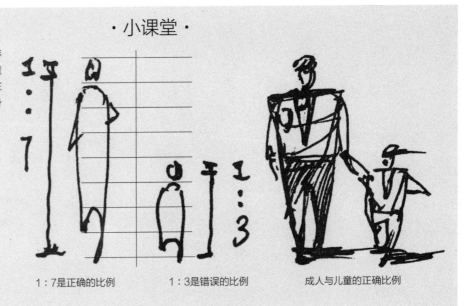

1:7是正确的比例　　　　1:3是错误的比例　　　　成人与儿童的正确比例

单 体 人 物

A 简单的单体人物动态

画出人物的重心，绘制出简单的身体轮廓和大的明暗关系，五官作简化处理。

B 复杂的单体人物动态

动态多涉及背面及侧面绘制，身体结构要把握准确，线条也要有长短区分。

组 合 人 物

A 简单的组合人物动态

在绘制简单的组合人物时，要注意人物的动态和前后遮挡关系，强调主要人物，简化次要人物。

B **复杂的组合人物动态**

在绘制复杂的组合人物动态时，服饰的绘制会细致一点，动态也相对变得复杂，注意画面的疏密及节奏变化。

·小课堂·

人物动态应与画面环境气氛相协调，服饰要与季节和地区相符，大小比例应符合透视规律，构图安排应突出视觉中心。

2.5 交通工具练习

交通工具的绘制需要掌握准确的几何透视关系。钢笔画中的交通工具起到衬托主体、丰富画面的作用，在绘制时要求透视、形体结构准确，不用过多刻画细节，可作适当省略。

轿车

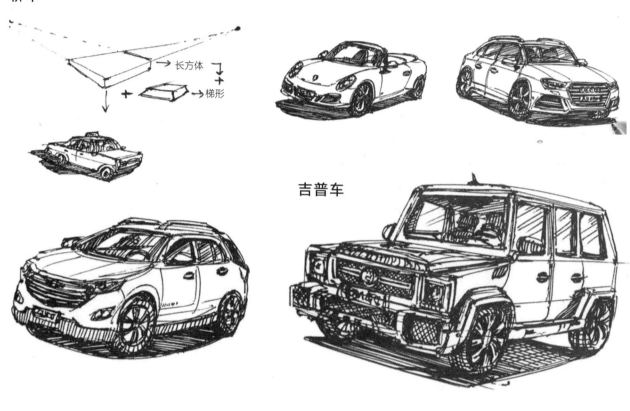

吉普车

公交车

·小课堂·

绘制交通工具时，一定要注意对透视关系的把握，尤其其在建筑画中，透视和空间的处理是整个画面的重点。

· 第3章 ·

画面处理

● 黑白灰关系练习　　　● 疏密关系练习　　　● 空间关系练习　　　● 整体关系练习

3.1 黑白灰关系练习

　　黑白灰关系简单地说就是画面的整体调子关系。在钢笔画绘制过程中，黑白灰关系处理得好，画面就不会乱。一幅钢笔画作品中，黑白灰的处理往往遵循黑中有白，白中有黑，用白衬托黑，用黑凸显白。黑白相间，灰色过度。黑白灰处理得当，能够凸显建筑主题、增强画面效果。

亮面（白）

灰面（灰）

暗面（黑）

·小课堂·

我们在考虑黑白灰的关系时，既要尊重客观所画对象的自然秩序，又要根据主观意识安排绘制对象的黑白灰结构，绘制出属于自己的钢笔画作品。

流水别墅

绘制步骤

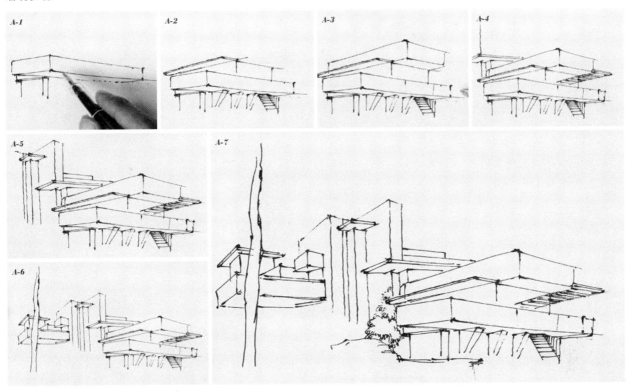

A 在绘制建筑物的时候，绘制开始时先定好光源，再绘制整体轮廓，确定好黑白灰的关系。

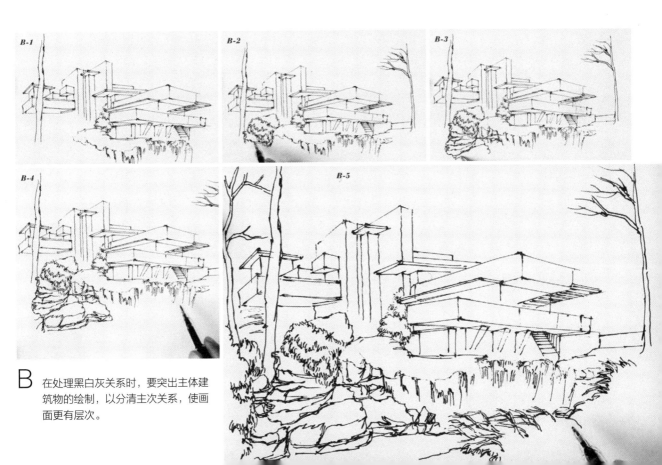

B 在处理黑白灰关系时，要突出主体建筑物的绘制，以分清主次关系，使画面更有层次。

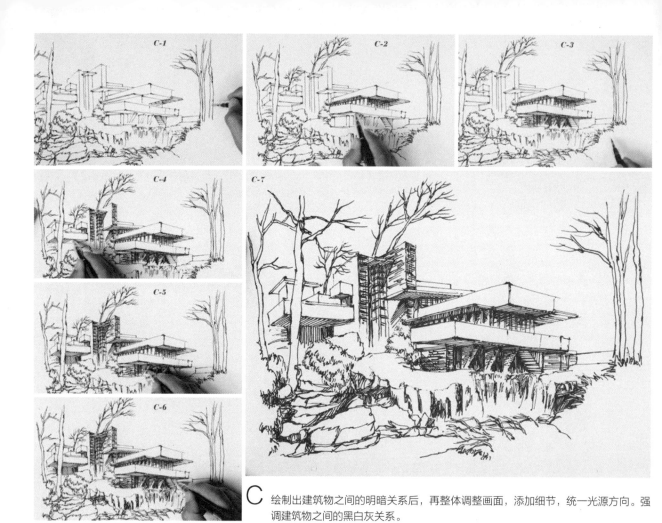

C 绘制出建筑物之间的明暗关系后，再整体调整画面，添加细节，统一光源方向。强调建筑物之间的黑白灰关系。

D 最后，把建筑物的投影及暗部充分表现出来，加强画面的层次感和空间感。

西藏布达拉宫

绘制步骤

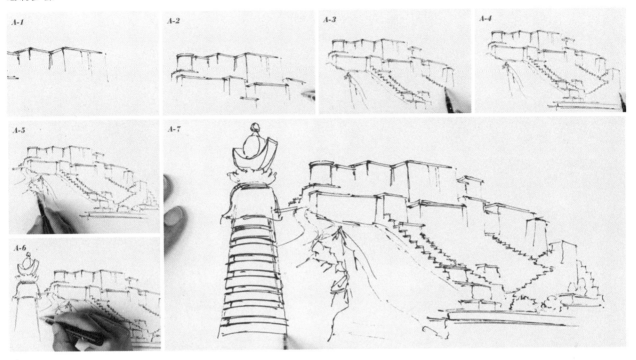

A 构图在绘画过程中起着非常重要的作用，而留白对作品的构图有着举足轻重的作用。先确定好画面的构图方式，在绘制线稿时适当作留白处理，使画面富有表现力、说服力和生命力。

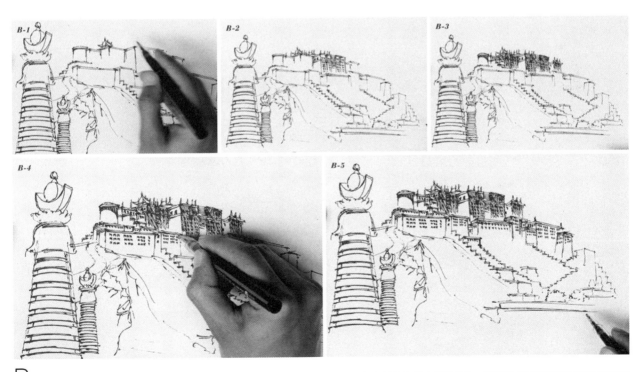

B 建筑物中固有色的白色就可以很好地充当留白的部分，在绘制时用黑和灰来衬托亮的主体建筑物，固有色的留白能够很好地衬托建筑物的暗部细节，使亮部更加突出。

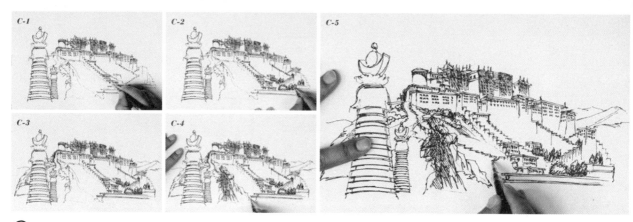

C　画面中建筑物的黑白灰关系明显，画面冲击力较强，使主体建筑物更加突出。

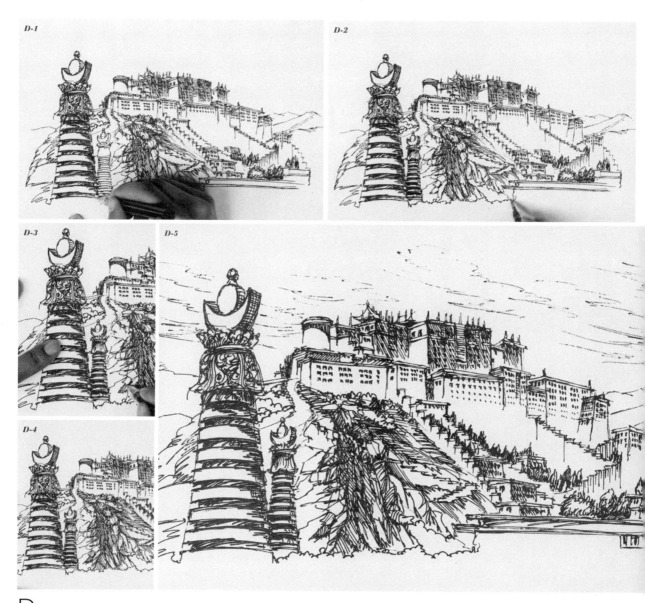

D　硬朗的建筑物与相对柔和的植物、云朵形成鲜明的对比。明暗关系的强烈对比使主体建筑物突出、层次分明，使画面整体统一，富有感染力。

哈尔滨索菲亚大教堂

绘制步骤

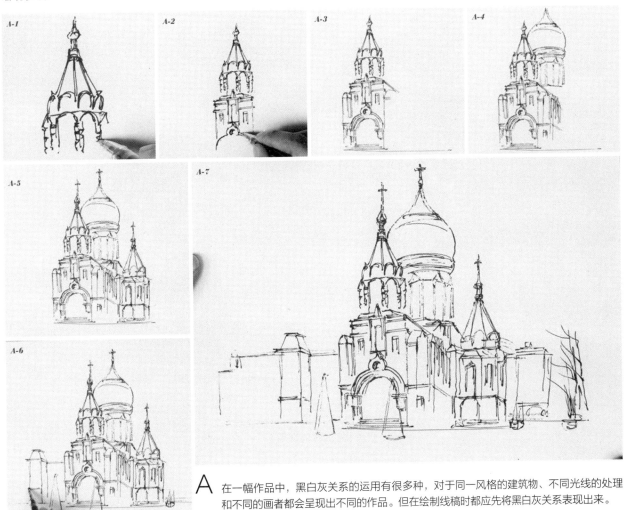

A 在一幅作品中，黑白灰关系的运用有很多种，对于同一风格的建筑物、不同光线的处理和不同的画者都会呈现出不同的作品。但在绘制线稿时都应先将黑白灰关系表现出来。

B 绘制时，一般越靠近视觉中心的建筑物越需要仔细刻画，明暗对比或黑白灰关系也更明显。而离视觉中心远的建筑物就可以次要表现，明暗对比也不明显。这样能加强画面的空间感。

C 将视觉中心的建筑物的黑白灰关系表达明确，使其与后面建筑物产生对比，以加强画面的空间感。

D 最后调整画面，加强黑白灰的细节表现。完成作品绘制。

3.2 疏密关系练习

疏密关系的处理，是构图的基本法则。合适的疏密关系可使画面产生远近、主次等丰富的变化。一幅作品应该疏密结合，以疏衬密，以密显疏。

绘制步骤

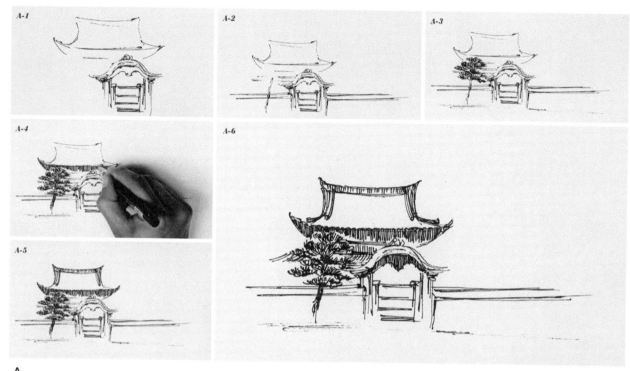

A　要先确定好整幅画面的构图方式，并大致绘制出画面轮廓，然后开始绘制建筑物及周围植物的线稿；绘制时植物与建筑物之间的线条要有疏密变化。

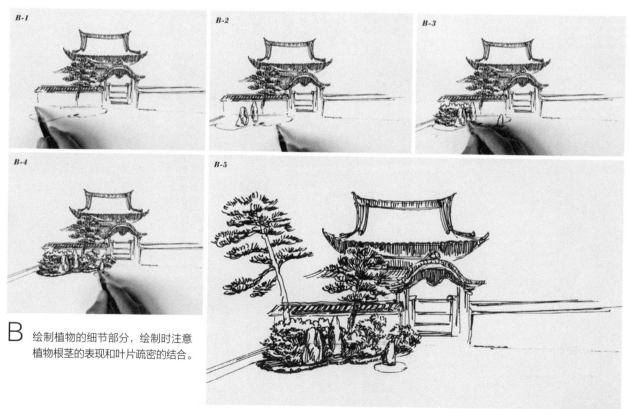

B　绘制植物的细节部分，绘制时注意植物根茎的表现和叶片疏密的结合。

C　接着绘制出建筑物屋顶及墙体瓦片的明暗关系。明暗的绘制需要在排线上有不同的表现，以暗部衬托亮部。植物的明暗用线条的疏密、虚实对比来体现。不同植物线条的疏密也不同。

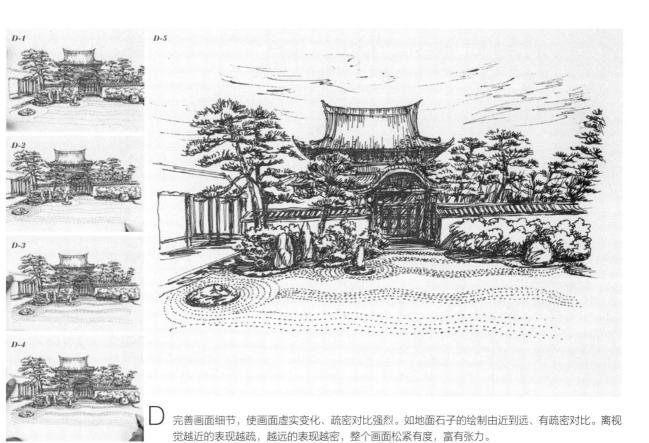

D　完善画面细节，使画面虚实变化、疏密对比强烈。如地面石子的绘制由近到远、有疏密对比。离视觉越近的表现越疏，越远的表现越密，整个画面松紧有度，富有张力。

日本清水寺

绘制步骤

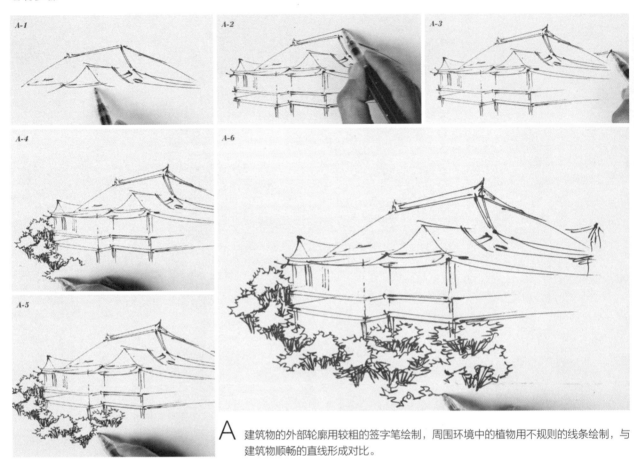

A 建筑物的外部轮廓用较粗的签字笔绘制，周围环境中的植物用不规则的线条绘制，与建筑物顺畅的直线形成对比。

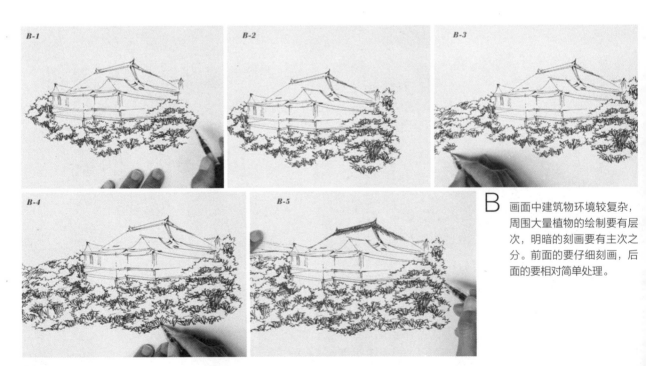

B 画面中建筑物环境较复杂，周围大量植物的绘制要有层次，明暗的刻画要有主次之分。前面的要仔细刻画，后面的要相对简单处理。

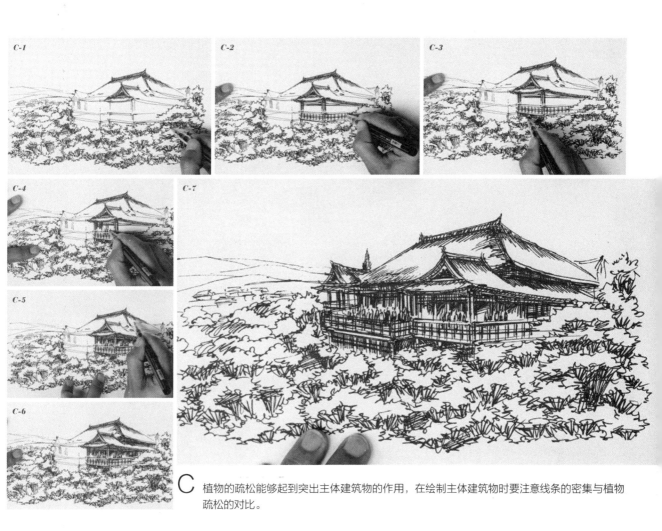

C 植物的疏松能够起到突出主体建筑物的作用，在绘制主体建筑物时要注意线条的密集与植物疏松的对比。

D 画面中植物的疏松与建筑物的紧凑对比明显。使画面更有层次感、富有张力。

光影下的庙堂

绘制步骤

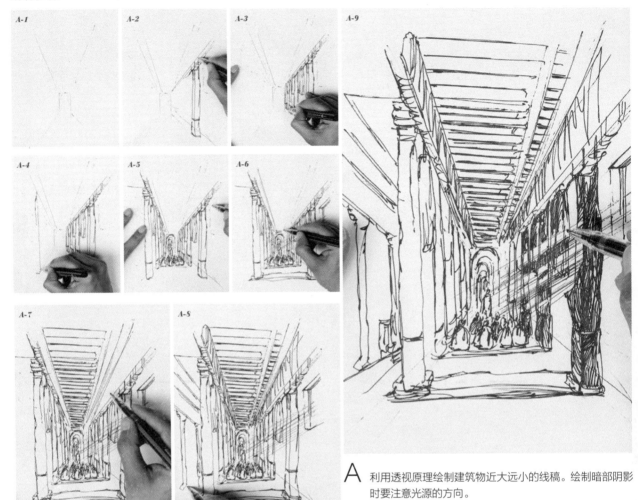

A 利用透视原理绘制建筑物近大远小的线稿。绘制暗部阴影时要注意光源的方向。

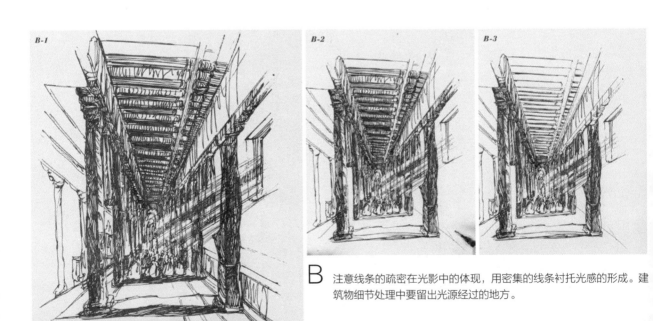

B 注意线条的疏密在光影中的体现，用密集的线条衬托光感的形成。建筑物细节处理中要留出光源经过的地方。

3.3 空间关系练习

在钢笔画的绘制中，空间关系的把握恰当能使画面更具层次感。物体的远近不同，其明暗感觉不同，从而形成了空间上的关系。一般通过近实远虚、近丰富后简单、近大远小等处理来体现空间关系。这些空间关系的处理能使画面有层次、更加真实。

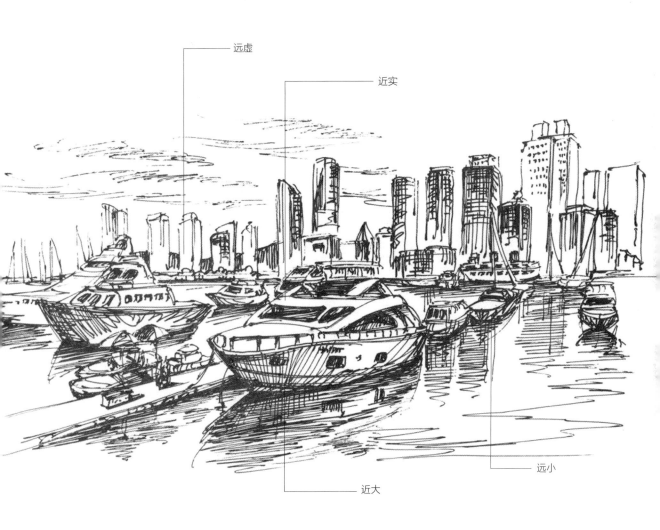

远虚

近实

远小

近大

青岛奥帆基地

绘制步骤

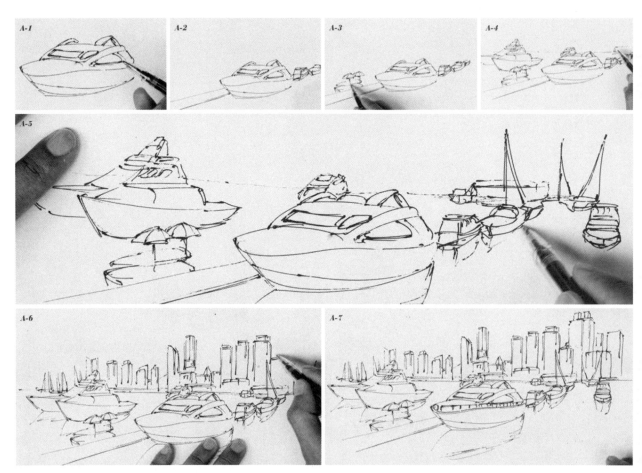

A 在绘制开始前要正确地处理好整幅画面的构图, 近处船体与远处岸边建筑物的形体要绘制准确, 把握好透视关系有利于表现空间感。

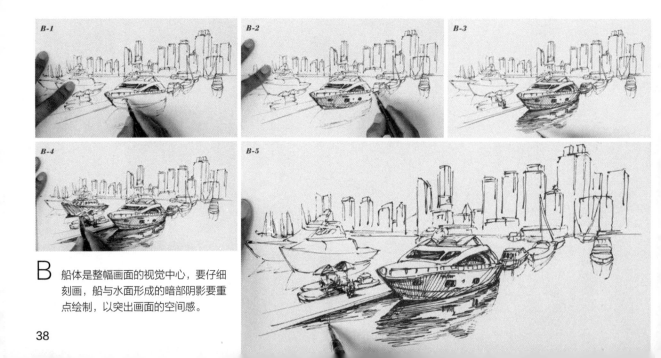

B 船体是整幅画面的视觉中心, 要仔细刻画, 船与水面形成的暗部阴影要重点绘制, 以突出画面的空间感。

C 继续绘制船体细节，然后绘制远处建筑物。注意建筑物与船体间的线条要有疏密变化。远处建筑物无须仔细刻画，要表现出与前面环境的距离，使整体空间感更强。

D 完善画面细节，绘制水面倒影时要注意线条的流畅，表达出水面的波纹流动感，使画面更加生动。绘制空中的云朵，画出画面前后距离，让画面更真实、形象。

洞穴里的房子

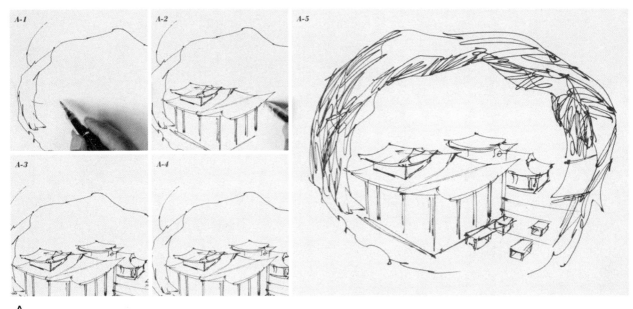

A 洞穴里的房子在构图上要运用到方形构图，由于洞口类似圆形形状，在起稿时要注意线条的弧度。而且洞口的原始不规则质感要绘制出来。通过洞口看建筑物的透视关系要把握准确。

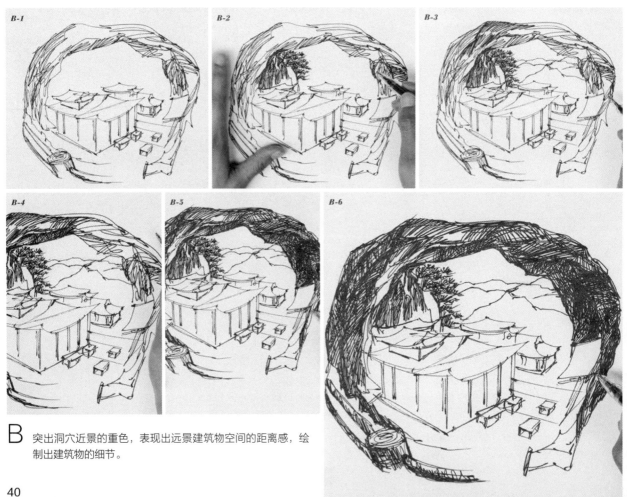

B 突出洞穴近景的重色，表现出远景建筑物空间的距离感，绘制出建筑物的细节。

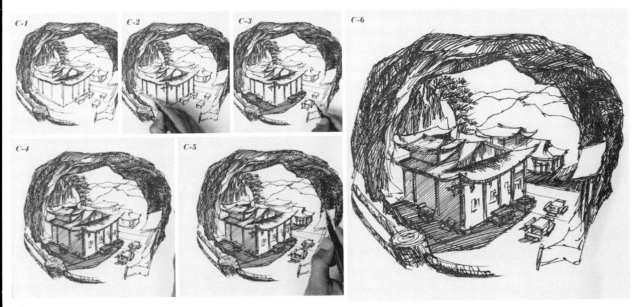

C 继续深入绘制画面细节，仔细刻画洞口的细节，注意排线的疏密结合，过密的地方不能黑成一片，要有透气感。建筑物的黑白灰关系要分清。建筑物周边环境如后面的山石，旁边的桌椅能够丰富整体画面，在绘制时将大概形体表现出来即可。

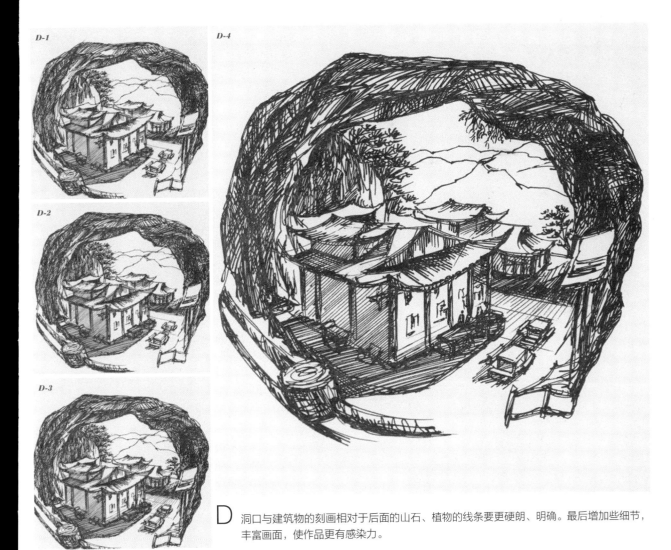

D 洞口与建筑物的刻画相对于后面的山石、植物的线条要更硬朗、明确。最后增加些细节，丰富画面，使作品更有感染力。

哈尔滨老房子楼梯一角

绘制步骤

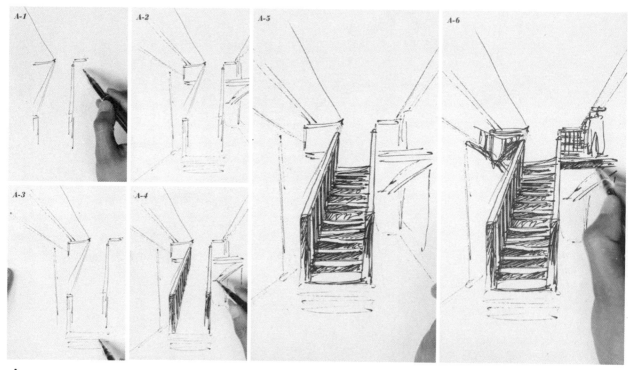

A 楼梯的绘制要符合正确的透视关系，楼梯及周围环境的相互穿插关系要表达明确。近大远小的透视关系使画面中楼梯的空间感增强。

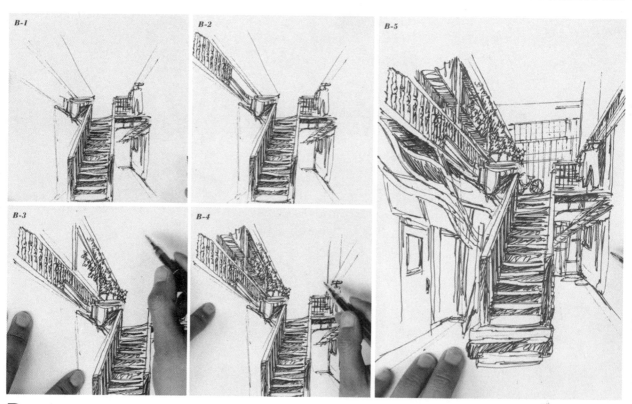

B 绘制出楼梯的明暗关系，楼梯本身倾斜的结构使整个画面有纵向的延展。仔细绘制出楼梯细节，使画面更丰富。

C-1

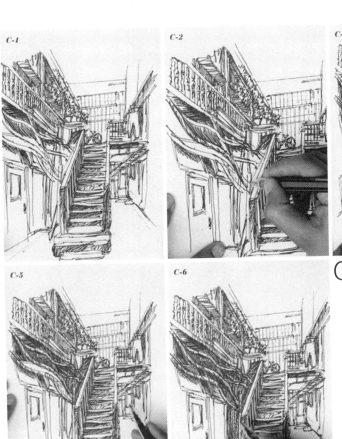

C-2

C-3

C-4

C-5

C-6

C 继续深入绘制楼梯细节，线条要有疏密、虚实变化。

D-1

D-2

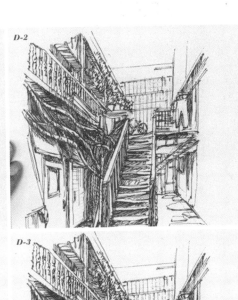

D-3

D 再绘制其他部分，可作削弱处理，不让画面过于平均。明暗对比下的楼梯更有层次，空间感。

3.4 整体关系练习

　　绘制钢笔画时从整体出发，到局部的刻画，最后再到整体。画者必须把所要刻画的对象看作是一个整体，先进行简单的整体观察，再具体到某个细节的处理刻画。通过对画面局部的细节刻画增加画面的生动、真实、感染力。最后再整体调整画面。在钢笔画绘制过程中，整体与局部的关系是对立统一，不可分离的。

·小课堂·

在绘画的过程中对所画主体物周围环境进行删减、调整，为了达到画者想要的效果，可以采用很多手法主观地对画面进行调整。但这都应建立在整体效果之上。要做到整体与局部的和谐统一，使画面协调、真实、生动有感染力。

日本晴空塔

绘制步骤

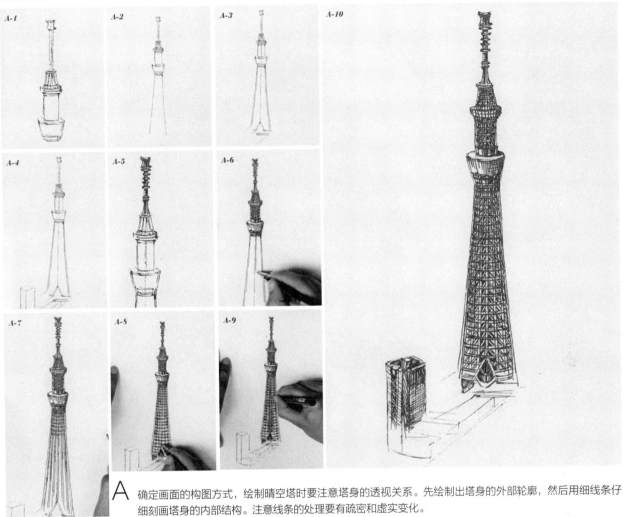

A 确定画面的构图方式，绘制晴空塔时要注意塔身的透视关系。先绘制出塔身的外部轮廓，然后用细线条仔细刻画塔身的内部结构。注意线条的处理要有疏密和虚实变化。

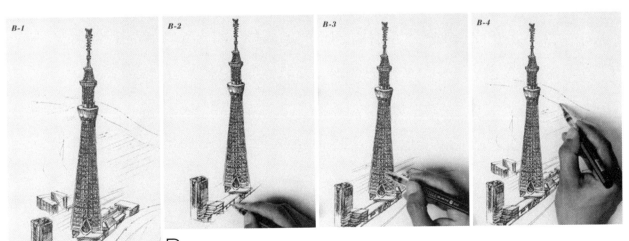

B 画面中晴空塔的细节不可能全部绘制出来，从画面的整体效果出发，要对细节有所取舍，达到想要的效果。

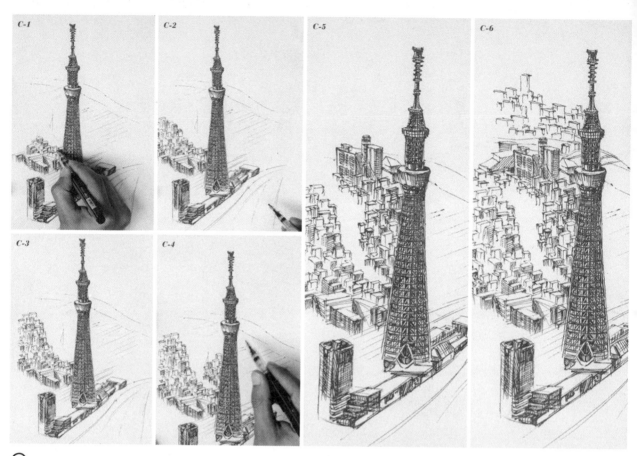

C 陆续绘制出画面中建筑物的形体，绘制时要把握整体的画面感，所画物体过多时要有所取舍。要做到整体与局部刻画的和谐统一。

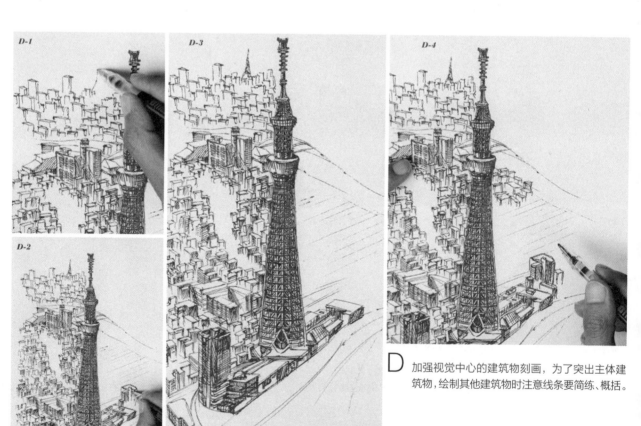

D 加强视觉中心的建筑物刻画，为了突出主体建筑物，绘制其他建筑物时注意线条要简练、概括。

E　接着绘制画面建筑群，要注意建筑物本身的透视关系。近处的建筑物可以稍微增加细节，而远处的建筑物可以减少甚至不画细节。

F　最后调整画面细节，添加主体建筑物的阴影。整幅作品在刻画中要把握整体与局部的关系。突出主体的形体，使画面有更强的空间感。

光影建筑

绘制步骤

A 确定画面的构图方式，由于建筑物本身透视的角度很大，所以在绘制前要把握好尺寸、比例在透视影响下产生的变化。绘制建筑物时要注意建筑物两侧与地面、头顶夹角的对比。

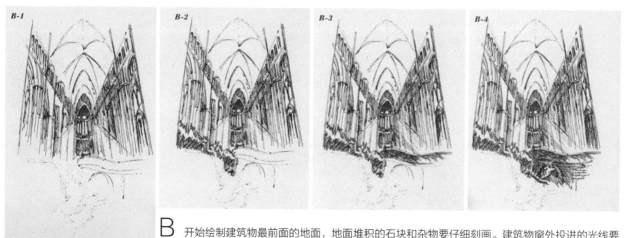

B 开始绘制建筑物最前面的地面，地面堆积的石块和杂物要仔细刻画。建筑物窗外投进的光线要留白。

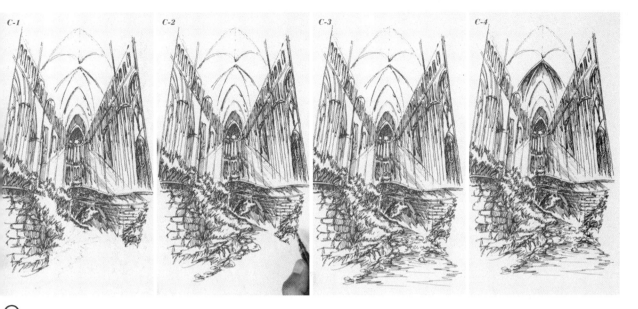

C 绘制前景石块、土坡及矮草。明暗与光线是创造画面光感效果的重要因素，光线赋予物体明暗，而我们通过绘制建筑物的明暗来表现画面的光感。

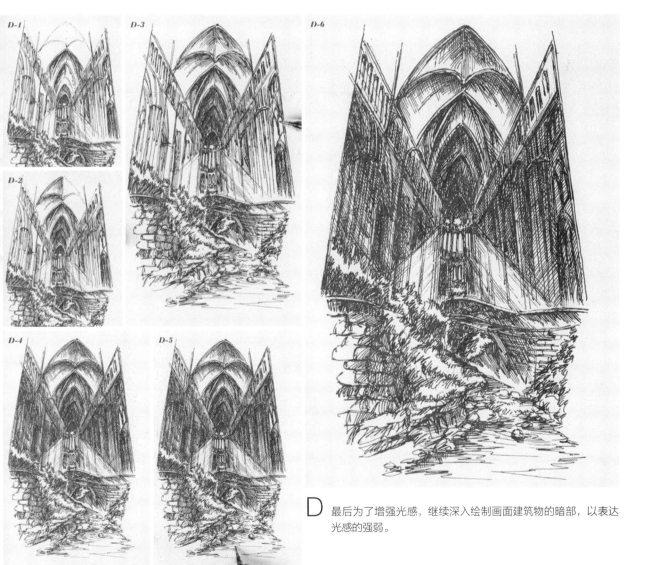

D 最后为了增强光感，继续深入绘制画面建筑物的暗部，以表达光感的强弱。

巴黎圣母院

绘制步骤

A 确定好画面的构图方式，根据画面要表达的效果绘制出建筑物及周围环境的大致外部轮廓，并用细的签字笔绘制建筑物细节，刻画植物的线条与建筑物的线条要有所区分。

B 绘制建筑物细节，注意建筑物结构及轮廓线相对较粗，而建筑物内部的线条相对较细。绘制建筑物细节时，为了使画面不杂乱，画面选择适当留白。

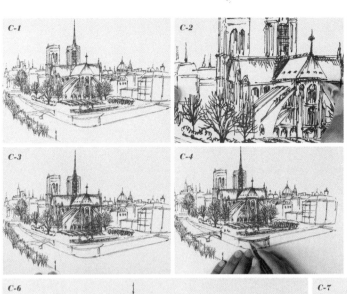

C 完善建筑物与周围环境的细节处理，添加建筑物道路和植物的绘制。

D 画面中主体建筑物的刻画细致，与周围环境的对比强烈。给后面建筑物做虚化处理，主体建筑物周围的植物暗部及阴影也要绘制出来。岸边与河水的疏密虚实变化使画面重点突出。

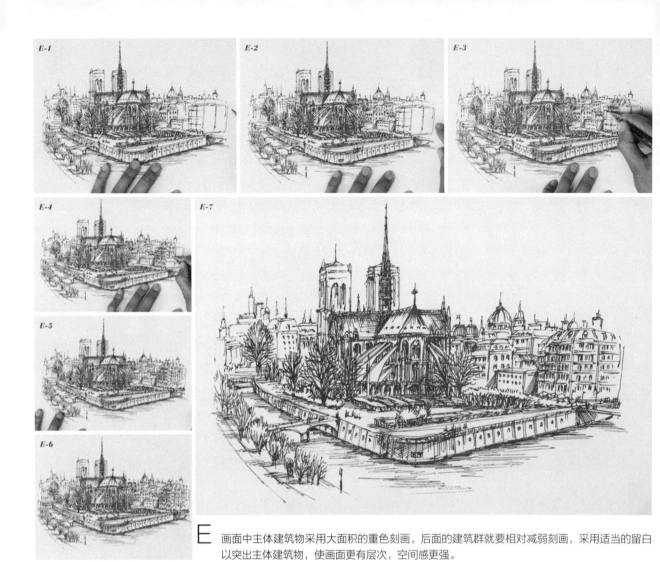

E　画面中主体建筑物采用大面积的重色刻画，后面的建筑群就要相对减弱刻画，采用适当的留白以突出主体建筑物，使画面更有层次，空间感更强。

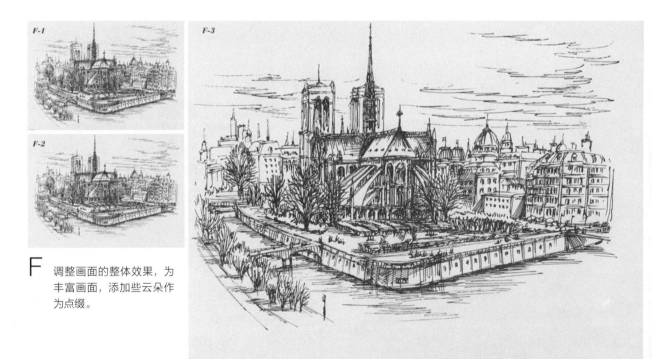

F　调整画面的整体效果，为丰富画面，添加些云朵作为点缀。

第4章

一点透视
原理及练习

● 一点透视原理　　● 一点透视练习　　● 一点透视鸟瞰图练习

4.1 一点透视原理

在绘制建筑物钢笔画时透视原理很重要，一点透视是最基本的透视原理。画一点透视时要注意它的视平线和消失点。所有竖向的线要垂直于画面，而所有横向的线要平行于画面，其他方向的线最后相交消失于一点。

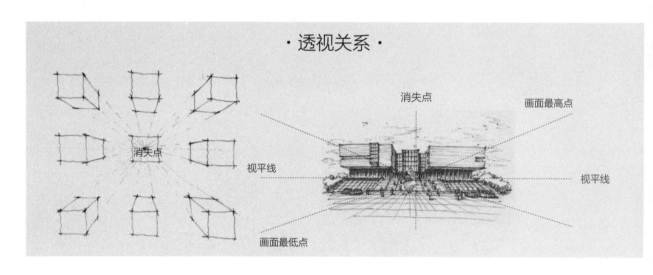

·透视关系·

4.2 一点透视练习

在绘制一点透视的钢笔画作品时首先要确定好视平线的位置，定好消失点的位置。然后结合具体建筑物场景进行绘制。

一点透视"新"建筑

方体博物馆

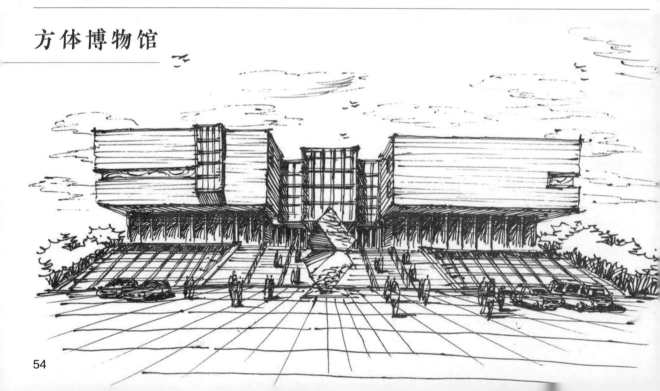

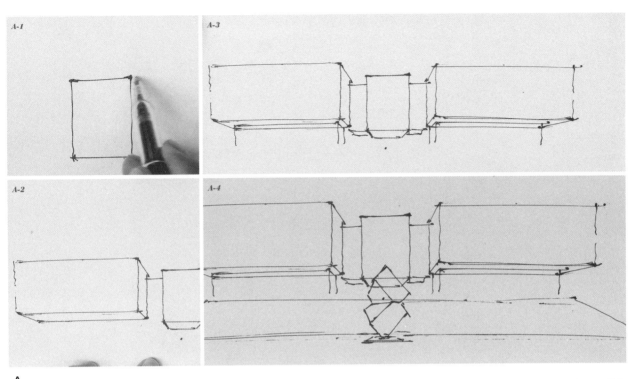

A 首先确定好建筑物的大致外轮廓，再根据建筑物的比例画出各个部位的轮廓，继续刻画出建筑物中心部分，绘制时需注意画面整体比例及空间关系。

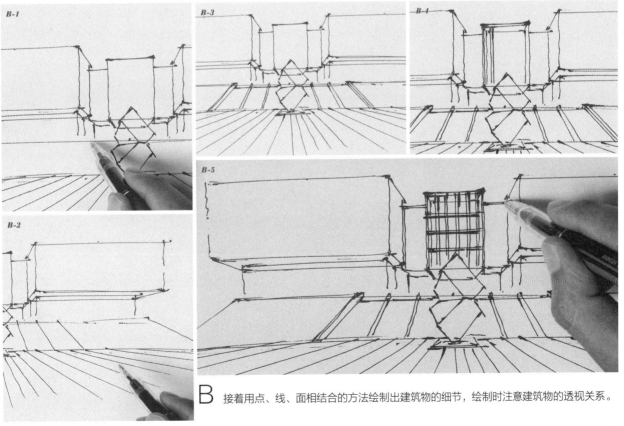

B 接着用点、线、面相结合的方法绘制出建筑物的细节，绘制时注意建筑物的透视关系。

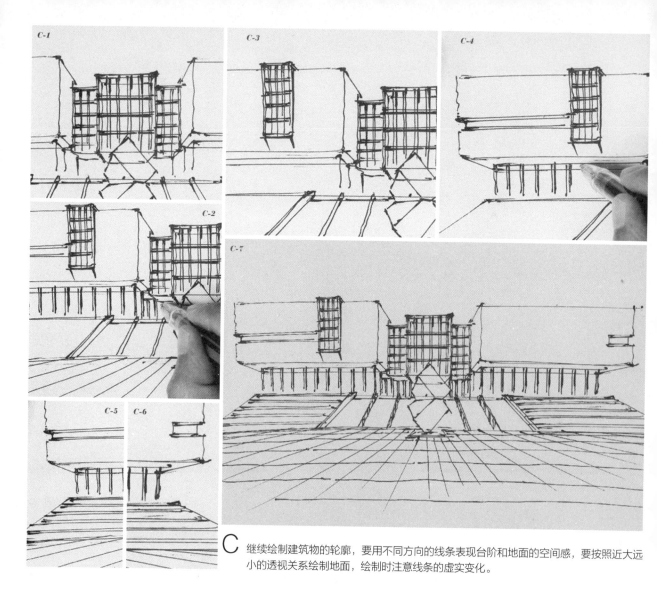

C 继续绘制建筑物的轮廓，要用不同方向的线条表现台阶和地面的空间感，要按照近大远小的透视关系绘制地面，绘制时注意线条的虚实变化。

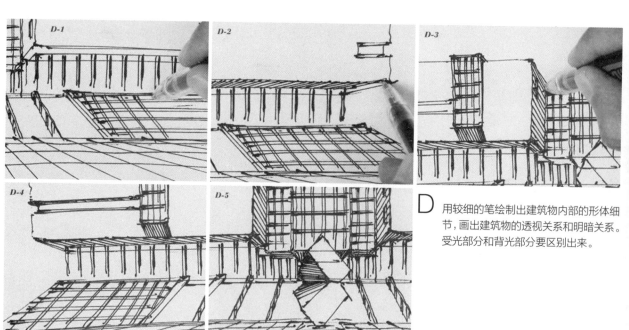

D 用较细的笔绘制出建筑物内部的形体细节，画出建筑物的透视关系和明暗关系。受光部分和背光部分要区别出来。

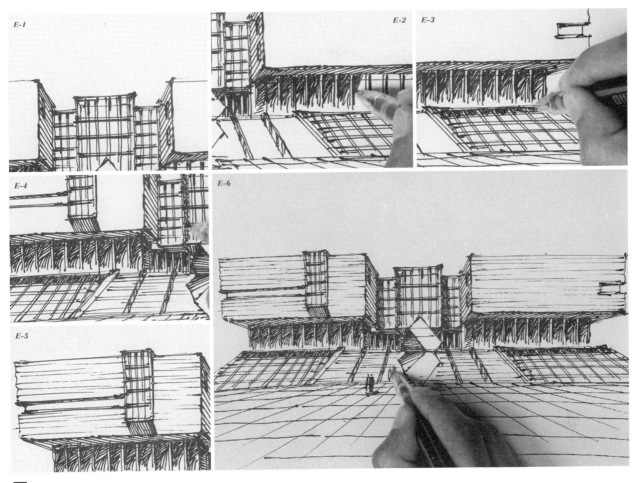

E　深入刻画建筑物的细节，在刻画过程中要分清主次，加强主要部分的绘制，适当减弱次要部分让整个画面有虚实疏密变化。

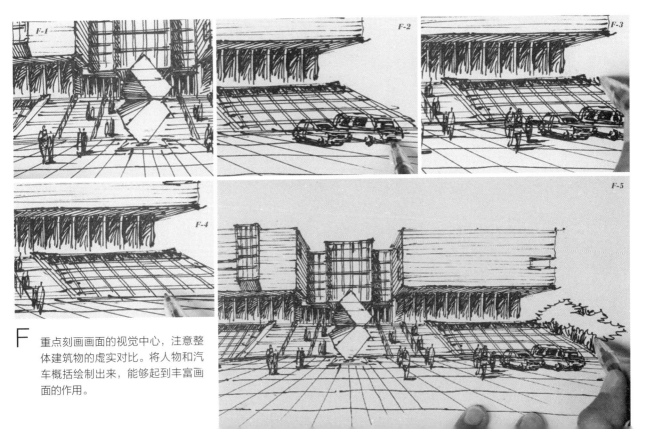

F　重点刻画画面的视觉中心，注意整体建筑物的虚实对比。将人物和汽车概括绘制出来，能够起到丰富画面的作用。

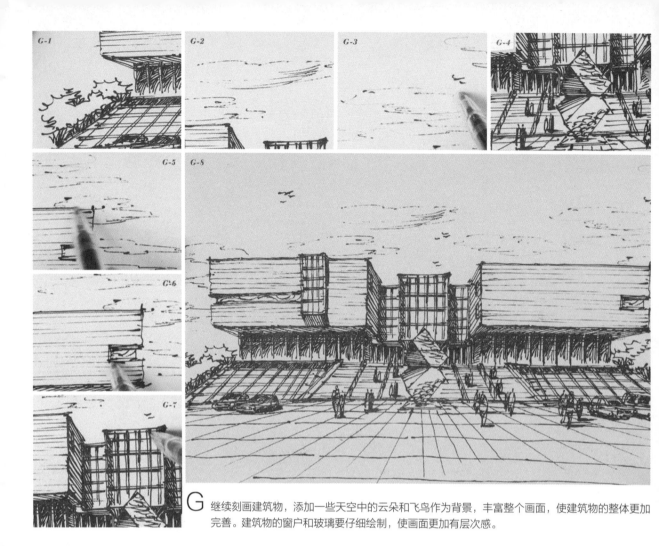

G 继续刻画建筑物，添加一些天空中的云朵和飞鸟作为背景，丰富整个画面，使建筑物的整体更加完善。建筑物的窗户和玻璃要仔细绘制，使画面更加有层次感。

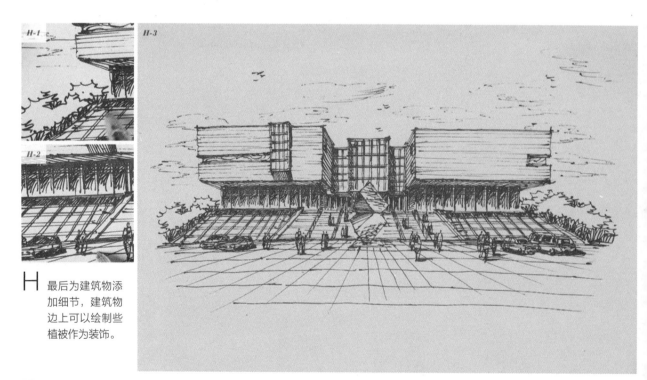

H 最后为建筑物添加细节，建筑物边上可以绘制些植被作为装饰。

城市步行街

绘制步骤

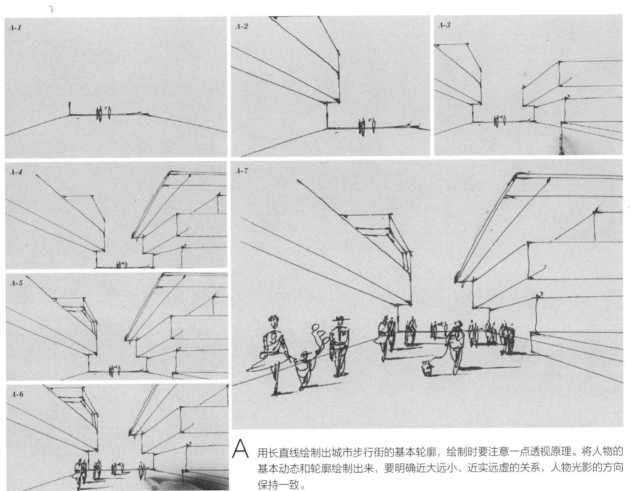

A 用长直线绘制出城市步行街的基本轮廓，绘制时要注意一点透视原理。将人物的基本动态和轮廓绘制出来，要明确近大远小、近实远虚的关系，人物光影的方向保持一致。

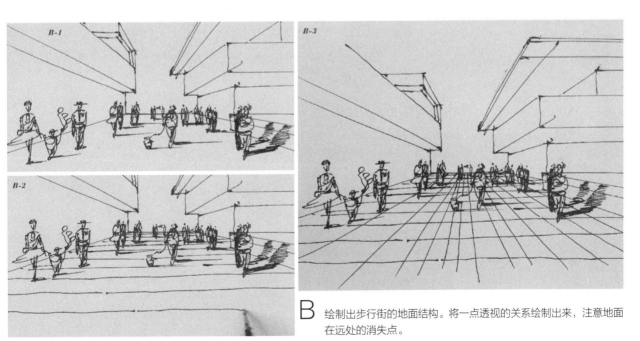

B 绘制出步行街的地面结构。将一点透视的关系绘制出来，注意地面在远处的消失点。

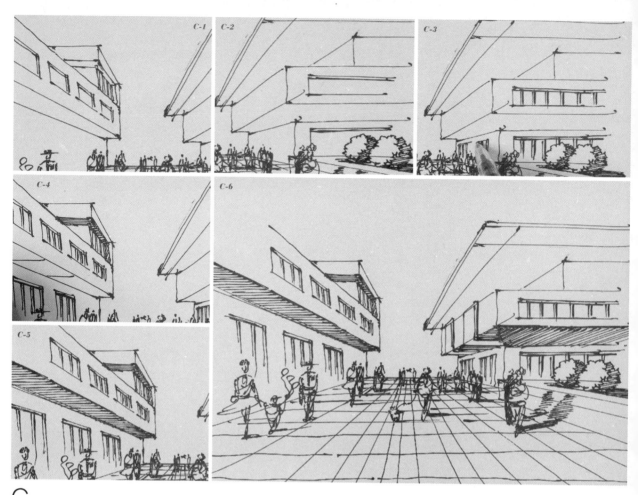

C 绘制好步行街整体的透视关系后，用较细的线条绘制出建筑物的内部结构，线条的走向要与画面整体的透视关系一致。门窗的绘制要注意近大远小的透视关系。植物的明暗关系要与人物的光影方向保持一致。

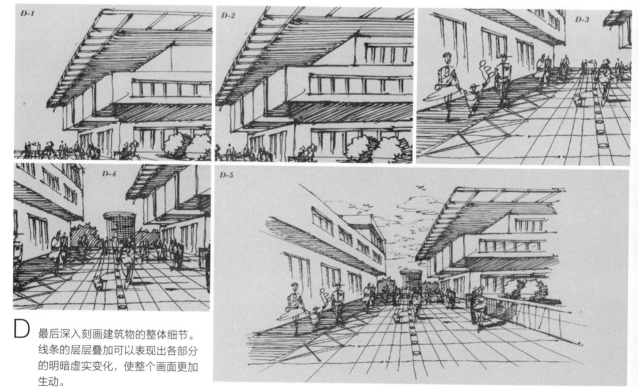

D 最后深入刻画建筑物的整体细节。线条的层层叠加可以表现出各部分的明暗虚实变化，使整个画面更加生动。

北京新胡同

绘制步骤

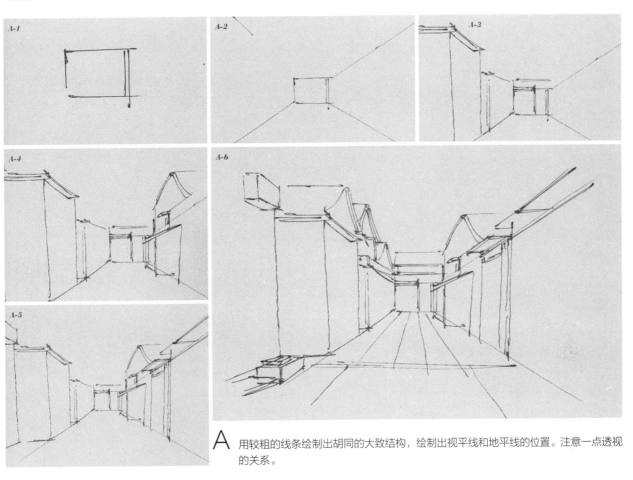

A 用较粗的线条绘制出胡同的大致结构，绘制出视平线和地平线的位置。注意一点透视的关系。

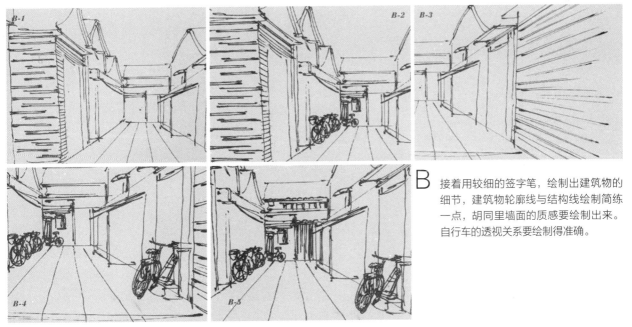

B 接着用较细的签字笔，绘制出建筑物的细节，建筑物轮廓线与结构线绘制简练一点，胡同里墙面的质感要绘制出来。自行车的透视关系要绘制得准确。

C 要表现出胡同的特点，就需要绘制出墙面砖体的质感。随着光线的方向用长直线绘制出墙体在地面的阴影。建筑物中的人物能够很好地起到点缀、衬托画面的作用，绘制时无须仔细刻画，把握好大概轮廓和神态即可。

D 最后为丰富整体画面，在天空绘制些云朵作为点缀。加强画面中主体部分的刻画，次要部分的刻画适当减弱，使整个画面有层次感和空间感。

丝带教堂

绘制步骤

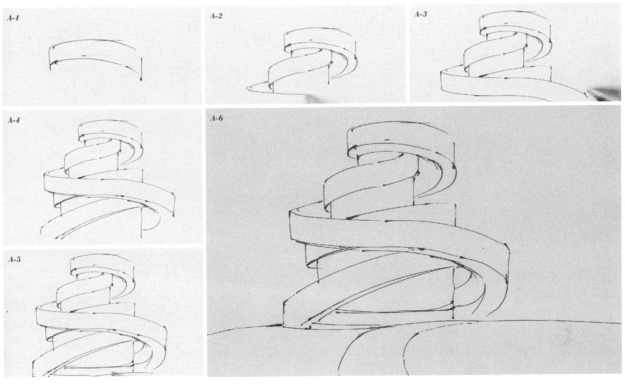

A 确定出画面的整体构图，用粗的签字笔大致画出建筑物外轮廓，按照一点透视的原理画出建筑的比例和尺寸，注意近大远小的透视关系。

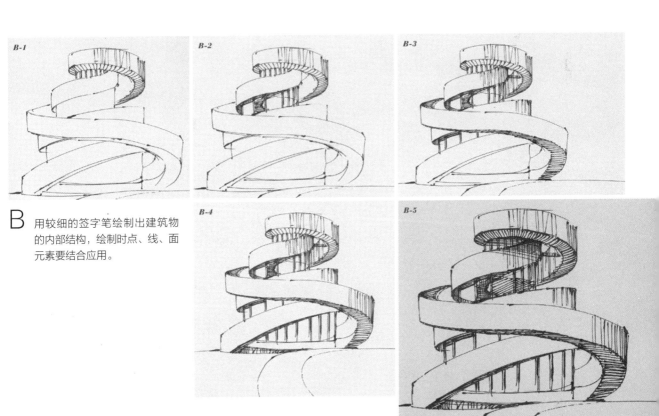

B 用较细的签字笔绘制出建筑物的内部结构，绘制时点、线、面元素要结合应用。

C　注意建筑物的造型相对特别，墙体外围可适当地画些纹理，建筑物周围的树木高低错落，形态不一，为画面添加了层次感，使画面更加生动、丰富。所有树木的暗部要整体统一。

D　最后完善画面的细节，建筑物前面的小路用不规则的线条表现，画出路边小草的灵动感。本案例一点透视的表现形式明显，直观。

奥尔堡音乐之家

绘制步骤

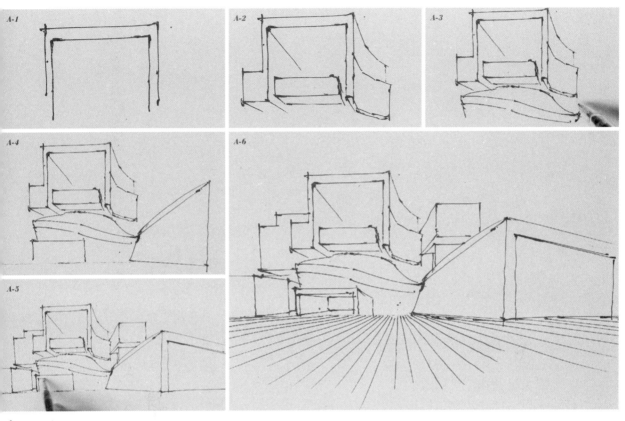

A 绘制出建筑物的大致轮廓和外部结构，明确画面的构图方式。用点、线、面相结合的方法绘制出建筑物的体块关系。注意各个部分距离和比例的把握。

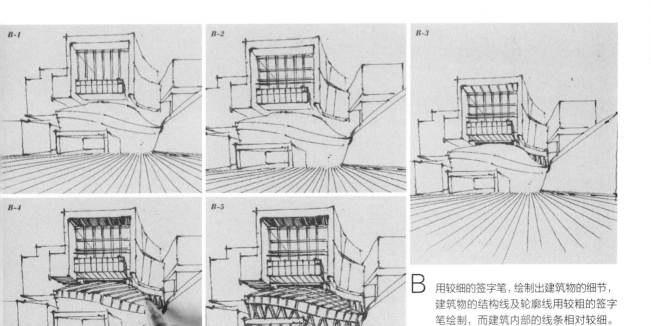

B 用较细的签字笔，绘制出建筑物的细节，建筑物的结构线及轮廓线用较粗的签字笔绘制，而建筑内部的线条相对较细。建筑物的体块表现形式要符合一点透视的原理。注意近大远小、近实远虚的关系。

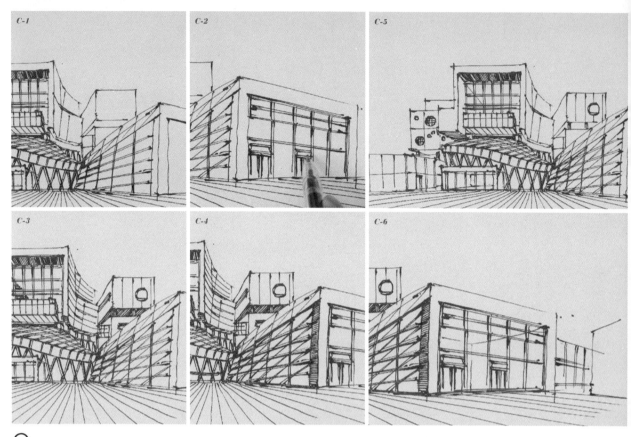

C 建筑物的外部结构和内部线条要有对比，内部线条用细的签字笔绘制，注意在光源的影响下，各个部位形成的投影变化。不同造型的建筑物所产生的投影不同。绘制时注意线条的流畅性和虚实结合。地面的透视关系要准确，要有空间感。

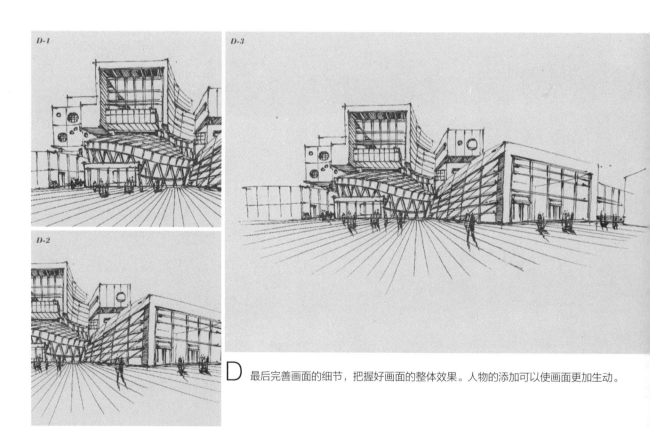

D 最后完善画面的细节，把握好画面的整体效果。人物的添加可以使画面更加生动。

一点透视经典建筑

经典建筑风格看上去都很奢华。一般强调以浓烈的色彩、精美的造型、华丽的装饰达到雍容华贵的效果。经典建筑外形往往高大，造型特点比较突出。

泰姬陵

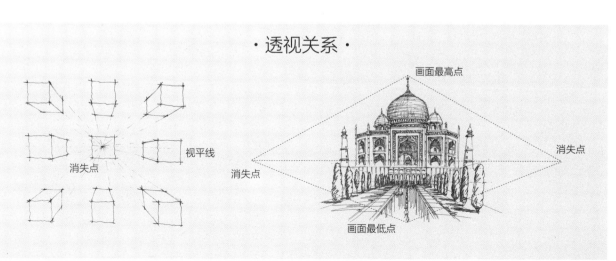

·透视关系·

画面最高点

视平线

消失点

消失点

消失点

画面最低点

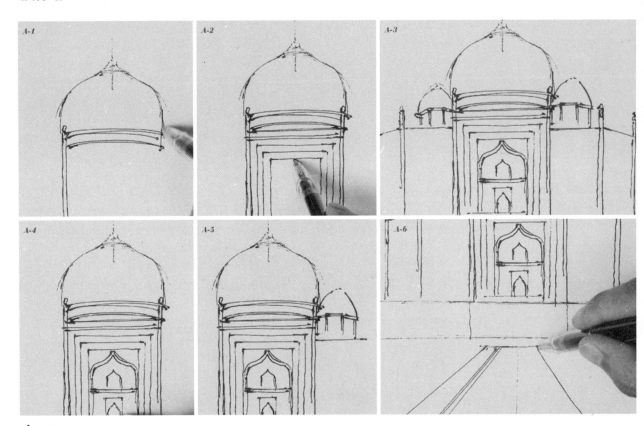

A 绘制出建筑物的外形和画面的构图方式，注意建筑物的比例和位置要符合透视规律。绘制建筑物外形用粗的签字笔，线条要有虚实变化。

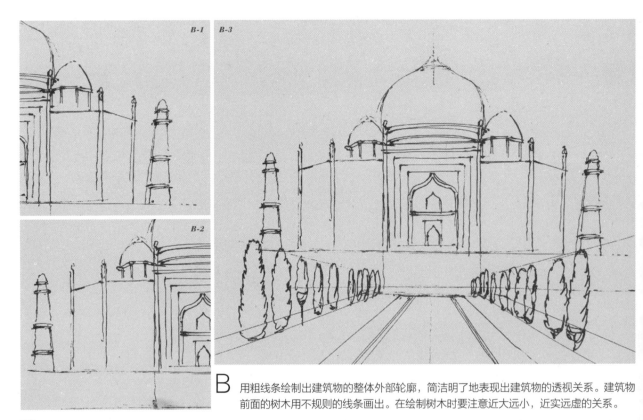

B 用粗线条绘制出建筑物的整体外部轮廓，简洁明了地表现出建筑物的透视关系。建筑物前面的树木用不规则的线条画出。在绘制树木时要注意近大远小，近实远虚的关系。

C 用较细的签字笔仔细刻画出建筑物核心位置的内部细节。细节处理得当能使作品更加精致。

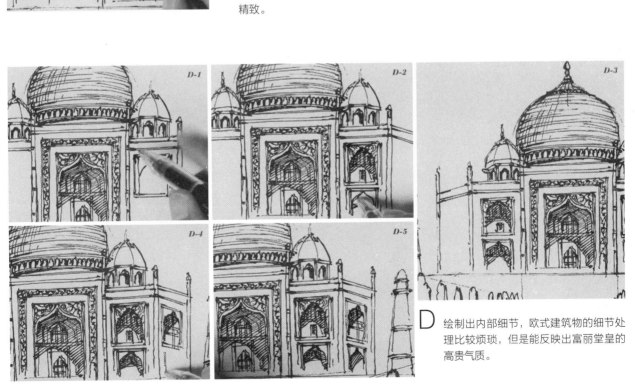

D 绘制出内部细节，欧式建筑物的细节处理比较烦琐，但是能反映出富丽堂皇的高贵气质。

E　深入刻画建筑物的细节，当画面中线条较多时，要分清楚主次，主要的要强化，次要的适当减弱，让画面平衡。人物的添加能起到衬托主体物的作用，还能丰富画面。

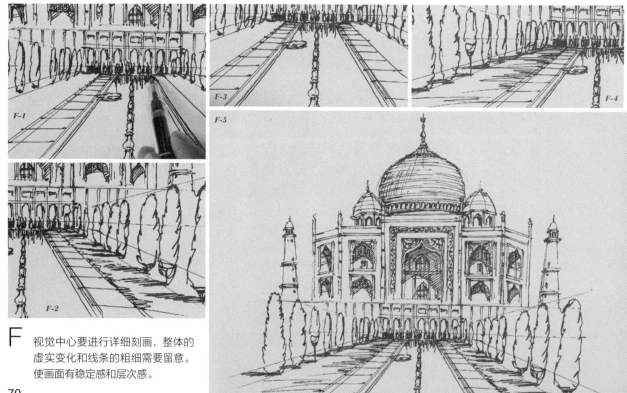

F　视觉中心要进行详细刻画，整体的虚实变化和线条的粗细需要留意。使画面有稳定感和层次感。

窥探古教堂

绘制步骤

A 先绘制出整个建筑物的外形和构图方式，按照建筑物的比例确定出重要部分的位置。绘制建筑物为仰视角度，绘制时要注意仰视角度下透视的变化。

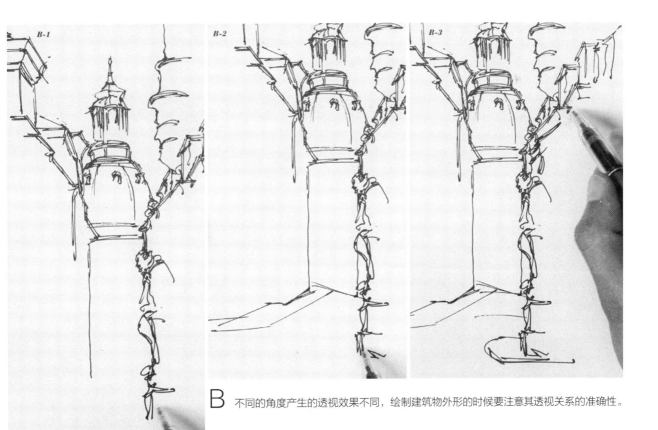

B 不同的角度产生的透视效果不同，绘制建筑物外形的时候要注意其透视关系的准确性。

C　确定出画面中重点刻画的部分，根据近大远小的透视原理绘制出建筑物的房顶和道路边线及门前的装饰。

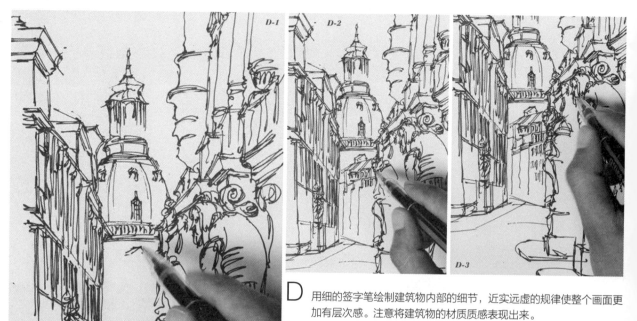

D　用细的签字笔绘制建筑物内部的细节，近实远虚的规律使整个画面更加有层次感。注意将建筑物的材质质感表现出来。

E　继续深入刻画出建筑物的细节，分清主次关系。为了能让整体画面保持平衡，线条分布上要有虚实、疏密变化。

F　完善画面的整体效果，仔细刻画细节的部分。为道路添加阴影，
　　完成整幅画面的绘制。使画面整体统一，突出重点，层次分明。

古罗马斗兽场

绘制步骤

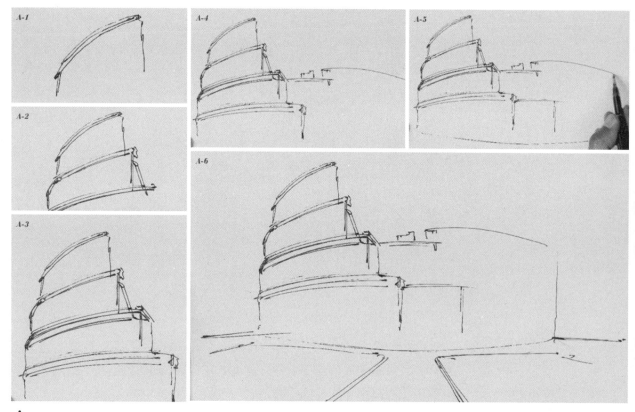

A 先要确定画面的整体构图方式，用较粗的签字笔绘制出建筑物的外形。利用一点透视的原理，绘制出各个部分的位置和比例关系。

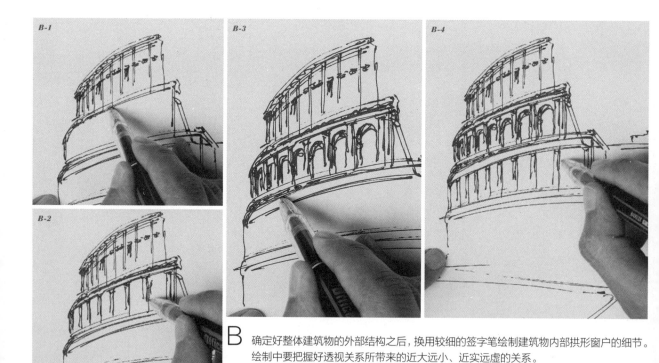

B 确定好整体建筑物的外部结构之后，换用较细的签字笔绘制建筑物内部拱形窗户的细节。绘制中要把握好透视关系所带来的近大远小、近实远虚的关系。

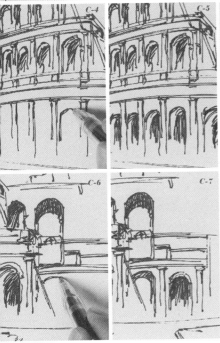

C 根据近大远小、近实远虚的原理和线条的疏密、虚实变化绘制好建筑物的左侧部分。注意角度的不同所产生阴影的不同。

D 用相同的原理绘制出右侧建筑物。用不规则的线条绘制出建筑物周边的植物，为植物添加阴影。

E　接着绘制出建筑物前面的道路和两边的草丛。为了使画面平衡可以在道路前面添加人物。人物的绘制只画出大概轮廓和神态即可。
　　为了画面的丰富可以添加些天空中的云层作为点缀。

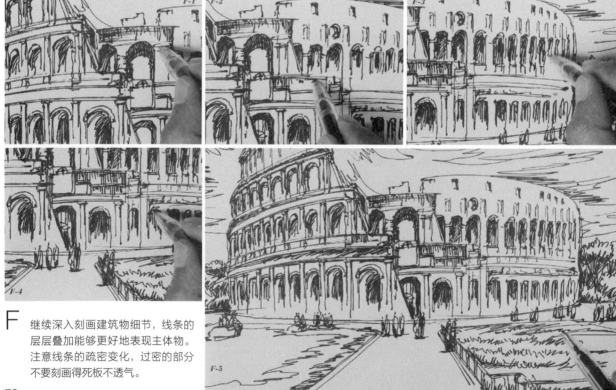

F　继续深入刻画建筑物细节，线条的
　　层层叠加能够更好地表现主体物。
　　注意线条的疏密变化，过密的部分
　　不要刻画得死板不透气。

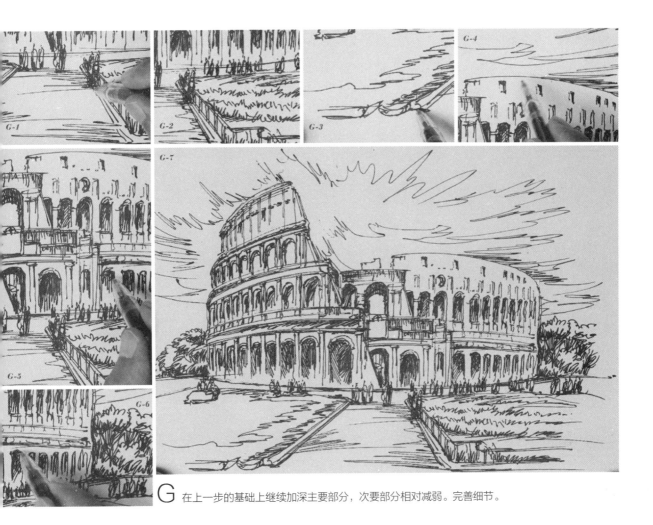

G 在上一步的基础上继续加深主要部分，次要部分相对减弱。完善细节。

H 最后调整画面，
加强画面整体的
层次感和空间感。

印象威尼斯

绘制步骤

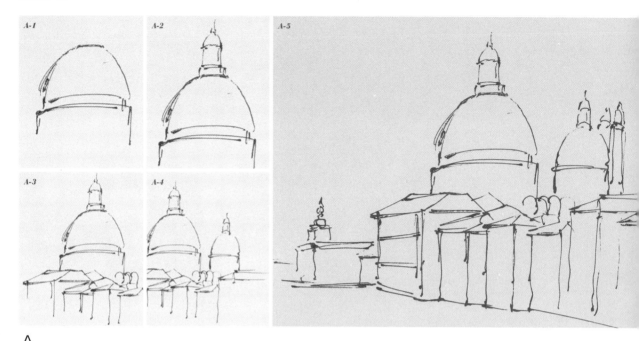

A　先确定建筑物的构图方式和大致的外部轮廓，用粗的签字笔绘制出建筑物的轮廓，注意线条的虚实变化。运用一点透视的原理绘制出各个建筑间的距离和比例。

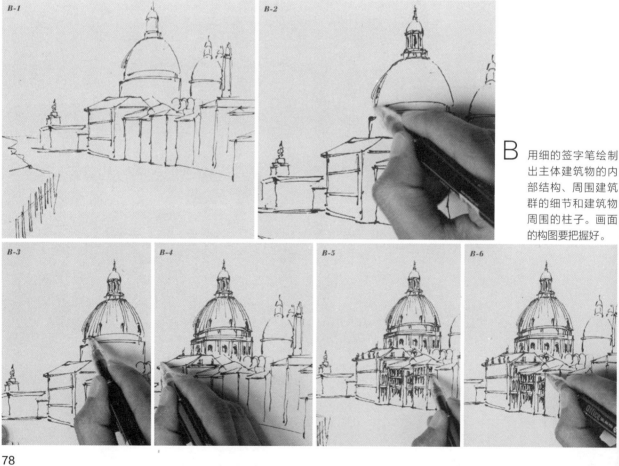

B　用细的签字笔绘制出主体建筑物的内部结构、周围建筑群的细节和建筑物周围的柱子。画面的构图要把握好。

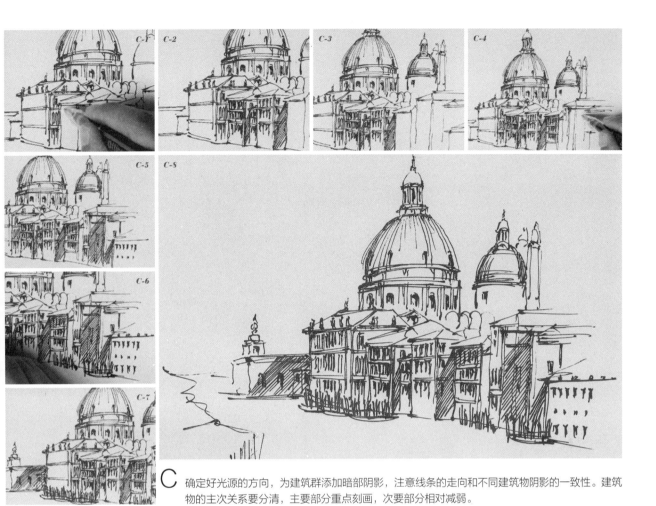

C 确定好光源的方向，为建筑群添加暗部阴影，注意线条的走向和不同建筑物阴影的一致性。建筑物的主次关系要分清，主要部分重点刻画，次要部分相对减弱。

D 开始绘制水面的船只，要明确近大远小，近实远虚的原则。近处的船只可以增加细节，而远处的船只适当减弱。

E　接着为水面添加波纹，用流动的线条绘制出水面动态的水纹，水纹随船只的移动产生变化。绘制出岸边建筑物在水面上投下的阴影，也会随水面的波纹产生变化。

F　最后调整画面，为了丰富画面，可以在天空绘制些云朵作为点缀，丰富画面。

金顶教堂

绘制步骤

A 用粗的签字笔绘制出整体建筑物的外部轮廓，确定画面的构图方式。然后用较细的签字笔绘制出建筑物的内部结构细节。绘制时把握好建筑物的透视关系。

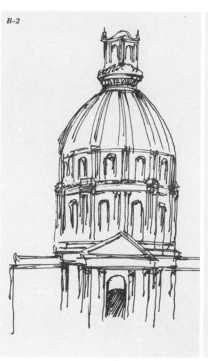

B 继续绘制出建筑物的轮廓。外部的轮廓线用较粗的签字笔绘制，内部的结构线用较细的签字笔绘制。把握好视平线与地平线的位置。

C 继续绘制建筑屋顶和高层的细节，用不规则的线条绘制出建筑物前面的植物，注意暗部阴影的刻画。绘制行走的人物和路旁停放的汽车时要遵循近大远小，近实远虚的透视原理。

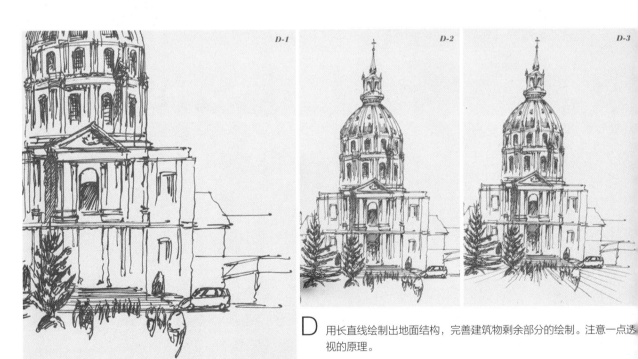

D 用长直线绘制出地面结构，完善建筑物剩余部分的绘制。注意一点透视的原理。

E 深入刻画建筑物的主要部分，次要部分相对减弱。添加近处树木的绘制。绘制近处树木的时候要注意树木叶片的结构形式。线条的
运用要把握好。叶片的形态不一，层次分明、高低错落。暗部阴影也要仔细刻画。

F 为建筑物绘制路灯，路灯的比例和尺寸要把握准确。最后整体
调整画面，刻画出细节，丰富整个画面。

4.3 一点透视鸟瞰图练习

　　从透视原理来说，从高处某一点俯视地面所形成的画面即是鸟瞰图。它往往比平面图更壮观。对于一点透视鸟瞰图而言，它更适合前景建筑较低，远景建筑较高的角度，鸟瞰图在商业建筑中是很常见的。

一点透视鸟瞰"潮"建筑群落

北京CBD鸟瞰

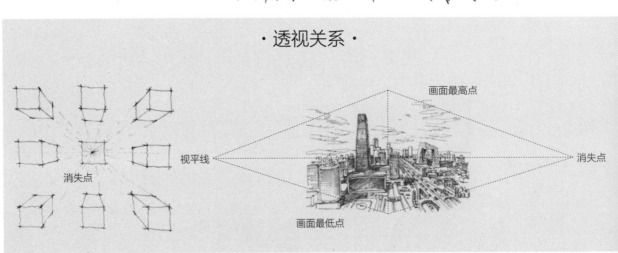

· 透视关系 ·

消失点

视平线

消失点

画面最高点

画面最低点

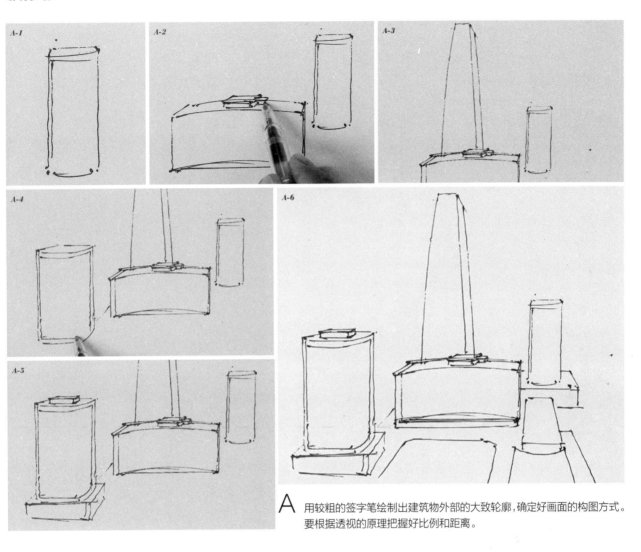

A 用较粗的签字笔绘制出建筑物外部的大致轮廓，确定好画面的构图方式。
要根据透视的原理把握好比例和距离。

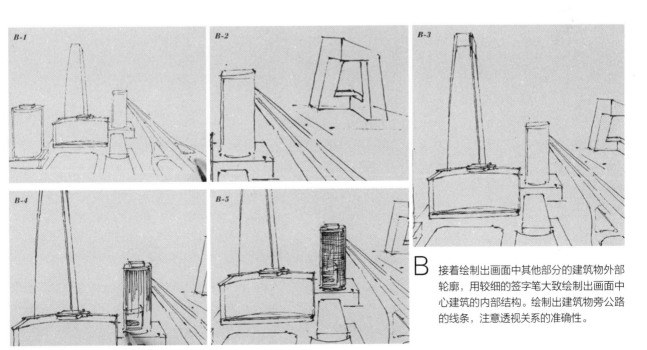

B 接着绘制出画面中其他部分的建筑物外部
轮廓，用较细的签字笔大致绘制出画面中
心建筑的内部结构。绘制出建筑物旁公路
的线条，注意透视关系的准确性。

C　绘制好外部轮廓后再用较细的签字笔绘制建筑物内部的细节。绘制中要注意线条的虚实疏密关系，不要画得不透气。

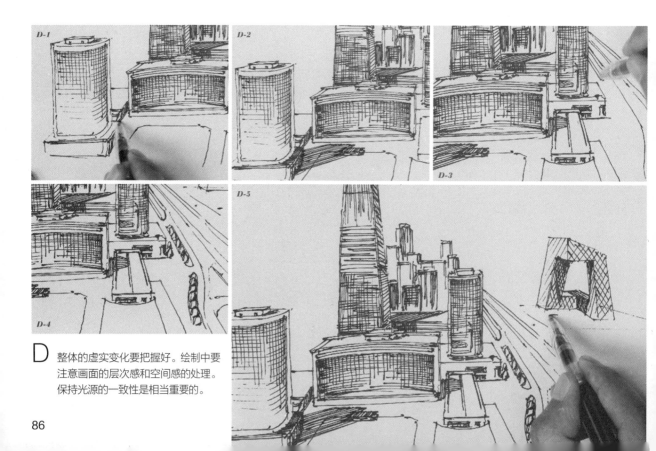

D　整体的虚实变化要把握好。绘制中要
　　注意画面的层次感和空间感的处理。
　　保持光源的一致性是相当重要的。

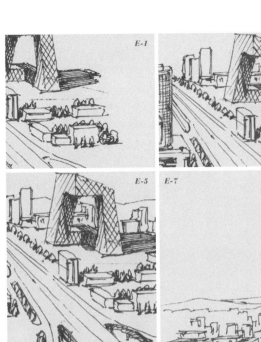

E　高层楼房的窗户要仔细绘制，体现出画面的层次感。在整体画面中，重点刻画视觉中心，而次要的部分可以减弱处理，远处的建筑物绘制出外部结构即可。

F　最后对画面作详细调整，深化细节。添加些天空中的飞鸟和云朵作为点缀。

小资青岛五月的风

绘制步骤

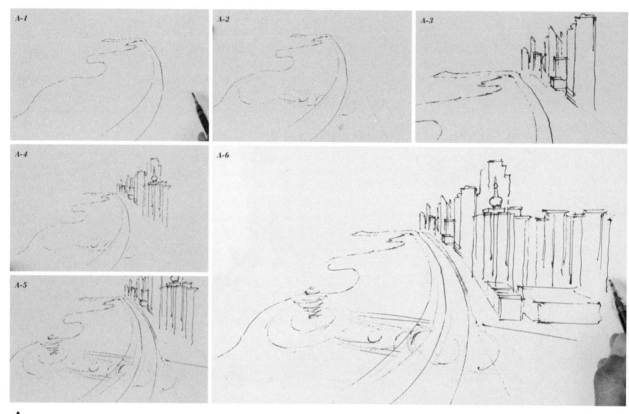

A 确定好画面的整体构图方式，用粗的签字笔大致绘制出建筑群的外部轮廓图。

B 用细的签字笔绘制出画面左侧部分的房屋和植物形态，绘制出雕塑的整体外形和细节。注意整体透视关系。

C 绘制画面中的植物，将植物的明暗关系绘制出来。右侧高楼的刻画要仔细，绘制时要注意一点透视原理带来的近大远小、近实远虚的变化。

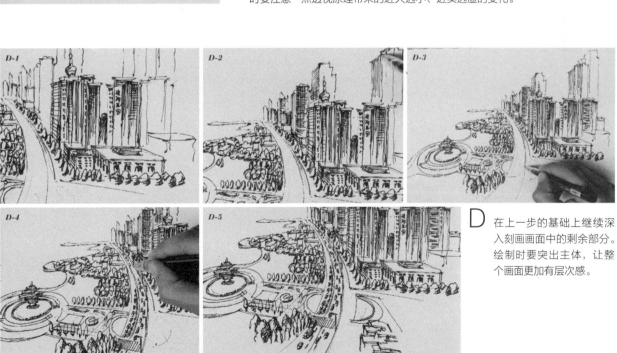

D 在上一步的基础上继续深入刻画画面中的剩余部分。绘制时要突出主体，让整个画面更加有层次感。

E 添加远处海上的船只，绘制出海平线。大概绘制出船只的外形，无须仔细刻画细节，船只在水面留下的水痕要刻画出来，使画面更加生动。

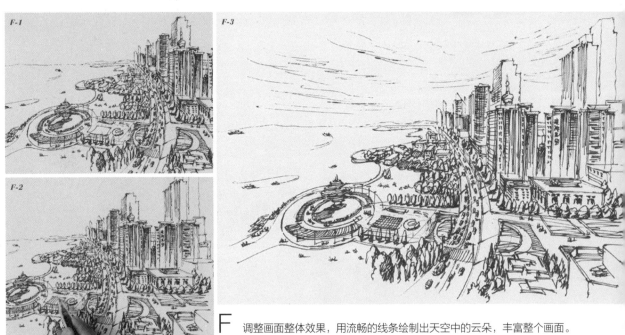

F 调整画面整体效果，用流畅的线条绘制出天空中的云朵，丰富整个画面。

上海外滩风云

绘制步骤

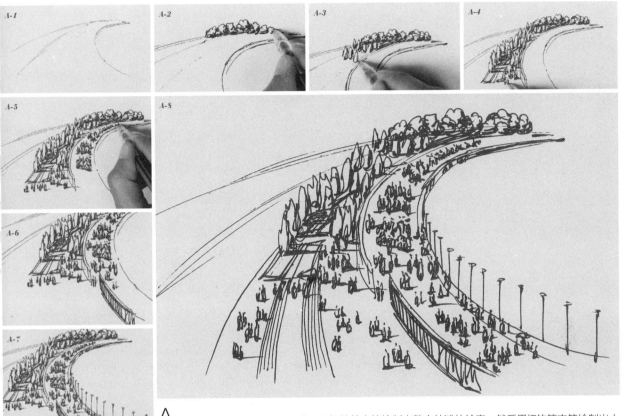

A 确定好整体画面的构图方式，用粗的签字笔绘制出整个外滩的轮廓。然后用细的签字笔绘制出人物、植物和路灯。绘制中注意整体透视关系。

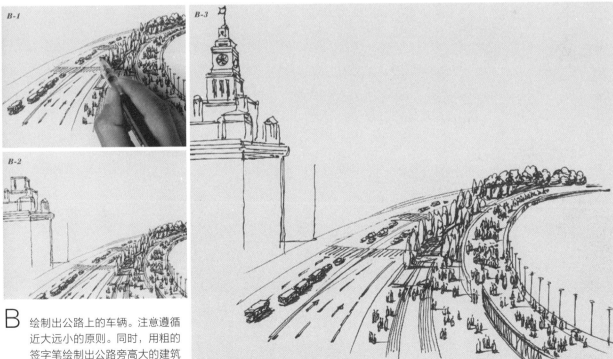

B 绘制出公路上的车辆。注意遵循近大远小的原则。同时，用粗的签字笔绘制出公路旁高大的建筑物外形。

C 绘制建筑群，远处的建筑物简单绘制出轮廓线，不需要仔细刻画。整幅画面是呈弯曲向后延伸的状态。绘制时透视关系要找准确，否则画面将失去平衡。

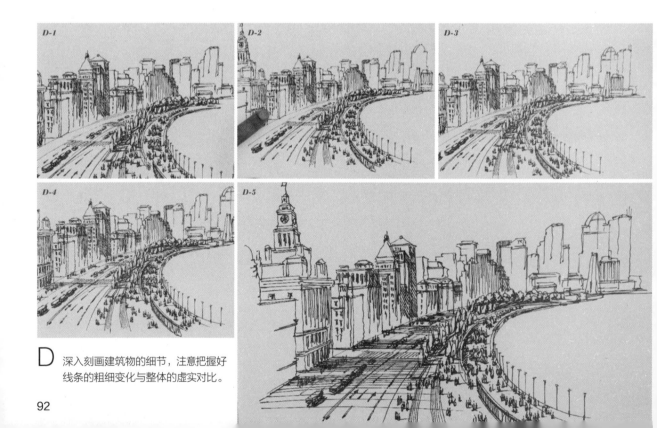

D 深入刻画建筑物的细节，注意把握好线条的粗细变化与整体的虚实对比。

E　用细的签字笔绘制出建筑物的细节，注意线条的长短、疏密变化。绘制出远处剩余部分的建筑物外形。近处的需要仔细刻画，玻璃的分格及窗户的大小都需要刻画出来，而远处的建筑物无须刻画细节。然后用流畅的线条绘制出岸边景物在海面的阴影和微风吹拂下海面的波纹。

F　最后调整画面，为公路添加路灯和交通指示灯。丰富整个画面。

商业建筑群

绘制步骤

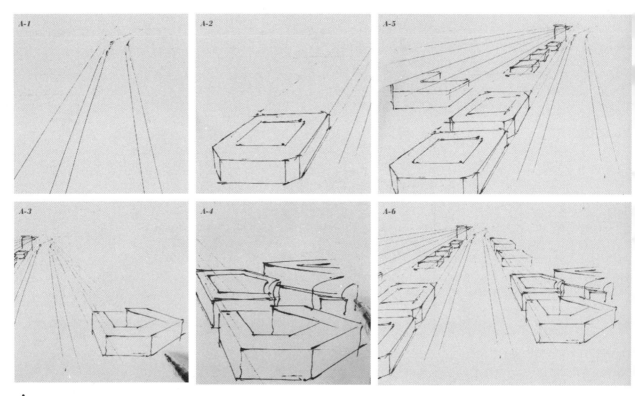

A 首先确定出画面整体的构图方式，确定出建筑物间的大致距离，用粗的签字笔绘制出建筑物底部的几何块面。绘制时注意下近大远小的透视关系。

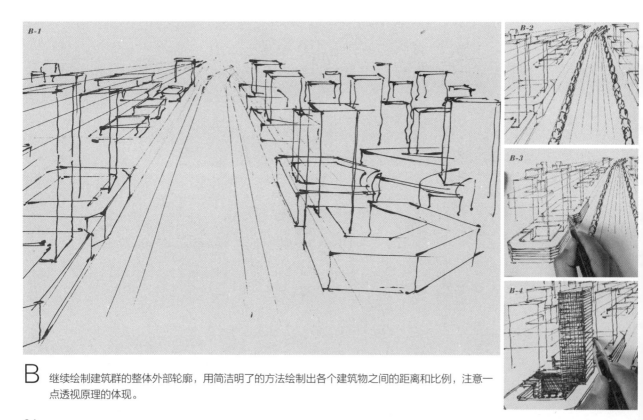

B 继续绘制建筑群的整体外部轮廓，用简洁明了的方法绘制出各个建筑物之间的距离和比例，注意一点透视原理的体现。

C 用不规则的块面来绘制建筑物两边的树木，要有明暗区分。注意影子的方向和形状。用细的签字笔刻画出建筑物的墙体和分格楼层的线条，注意近实远虚的关系，远处的建筑物可以次要表现，画出外形即可。

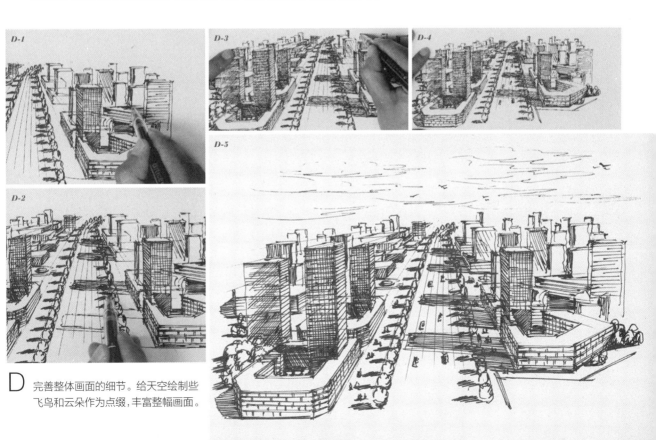

D 完善整体画面的细节。给天空绘制些飞鸟和云朵作为点缀，丰富整幅画面。

海滨城市

绘制步骤

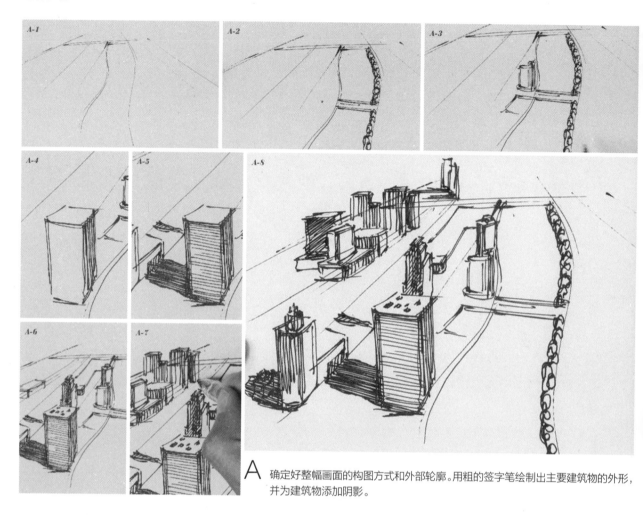

A 确定好整幅画面的构图方式和外部轮廓。用粗的签字笔绘制出主要建筑物的外形，并为建筑物添加阴影。

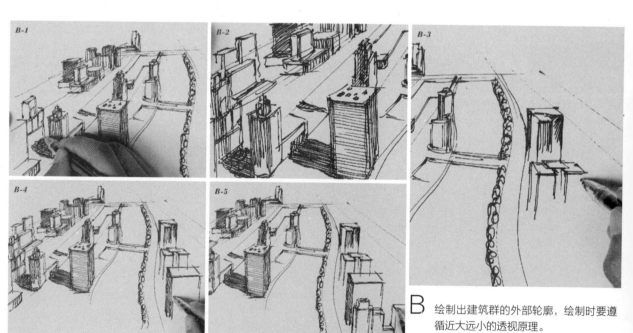

B 绘制出建筑群的外部轮廓，绘制时要遵循近大远小的透视原理。

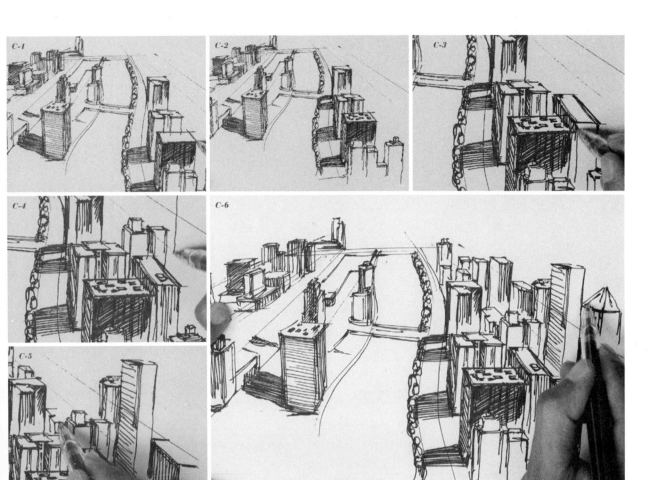

C 刻画建筑物的细节，用细的签字笔绘制出建筑物的内部结构，要注意线条的虚实变化，建筑群在绘制中线条较多，要分清主次关系，即强调主要部分而相对减弱次要部分。

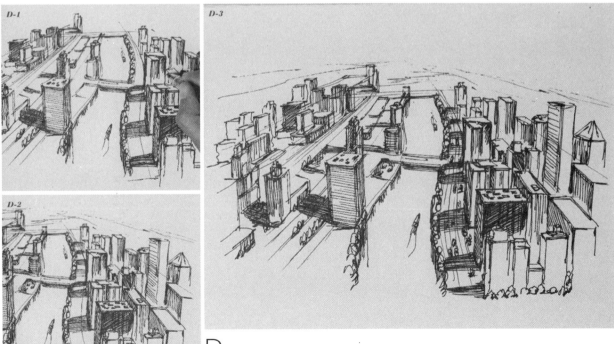

D 最后完善整体画面，添加船只。无须刻画船体细节，简单绘制出外部轮廓即可，丰富整个画面。

一点透视鸟瞰经典建筑群落

欧洲街道

绘制步骤

A 欧洲街道特点明显，绘制中构图方式很重要。一点透视的原理即是"横平竖直"，建筑物的表现一定要遵循这一原理。绘制出建筑物的大致外形，建筑物中间公路上汽车要根据近大远小的原则绘制。

B 用较细的签字笔绘制出街道左侧建筑物的内部结构，要仔细刻画楼层和玻璃，尤其最近的建筑物要仔细刻画。

C　绘制出右侧建筑物的内部结构，注意线条的运用和把握。多次叠加线条使画面更有层次感。建筑物多的街道在刻画过程中要注意。

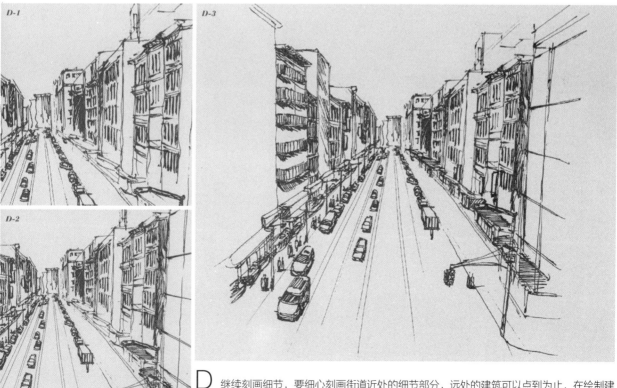

D　继续刻画细节，要细心刻画街道近处的细节部分，远处的建筑可以点到为止，在绘制建筑物时要把握比例关系，使画面更加真实。

E　为丰富整个画面效果，远处的建筑物也要绘制出来，但只需绘制出大致的外部轮廓即可。体现出画面的层次和空间感，能使画面整体更加生动和富有感染力。

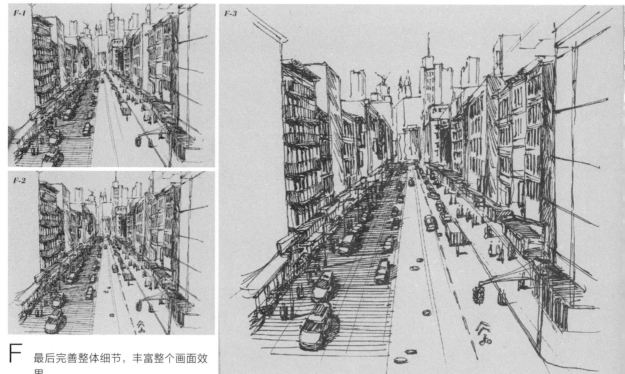

F　最后完善整体细节，丰富整个画面效果。

高耸的教堂

绘制步骤

A 确定好整个画面的构图方式，用粗的签字笔绘制出整体建筑物的外部轮廓。绘制时注意线条的虚实变化，在透视关系正确的前提下
确定出建筑物间的比例和距离。

B 绘制出画面中的剩余建筑物的外部轮廓，画面中的树木可以用细的签字笔通过不规则的线条绘制出来。绘制时注意线条的虚实变化，
建筑物间的疏密关系要把握准确，注意近大远小的透视原理。

C 开始为主体建筑物添加细节，用细的签字笔绘制建筑物内部，注意光线的影响下窗户的暗部变化。暗部是层层线条叠加出来的效果，但要注意暗部不要画得死板不透气。

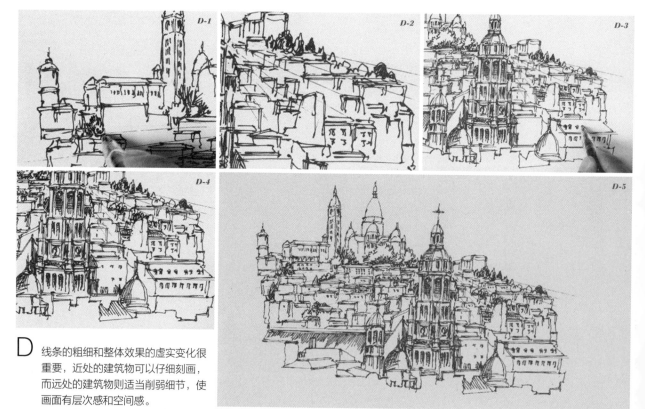

D 线条的粗细和整体效果的虚实变化很重要，近处的建筑物可以仔细刻画，而远处的建筑物则适当削弱细节，使画面有层次感和空间感。

浪漫巴黎

绘制步骤

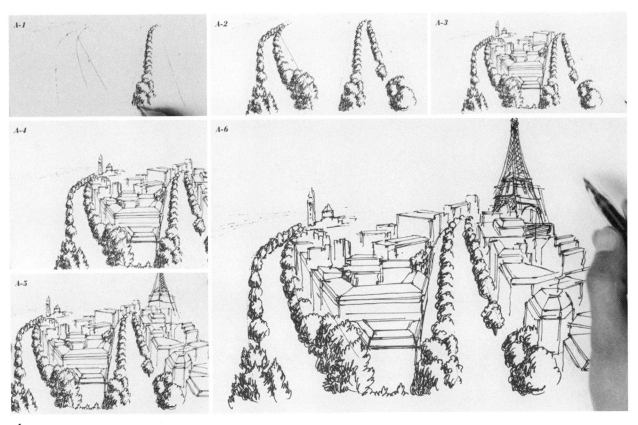

A 确定出整体画面的构图方式，大致地绘制出整体建筑物的外形。用不规则的线条按照近大远小的透视原理，绘制出道路两旁的树木，绘制时要同时画上树木的暗部阴影，使树木更有立体效果。

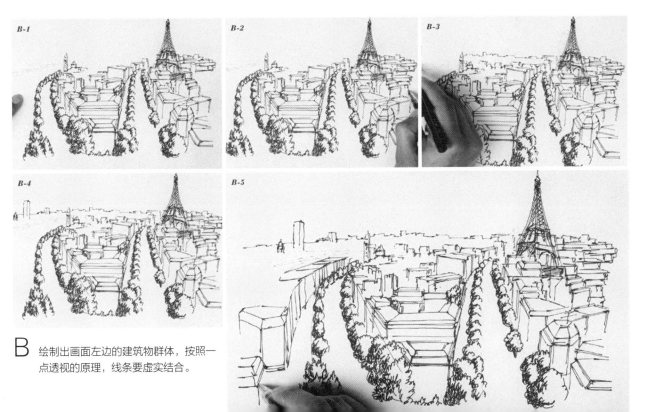

B 绘制出画面左边的建筑物群体，按照一点透视的原理，线条要虚实结合。

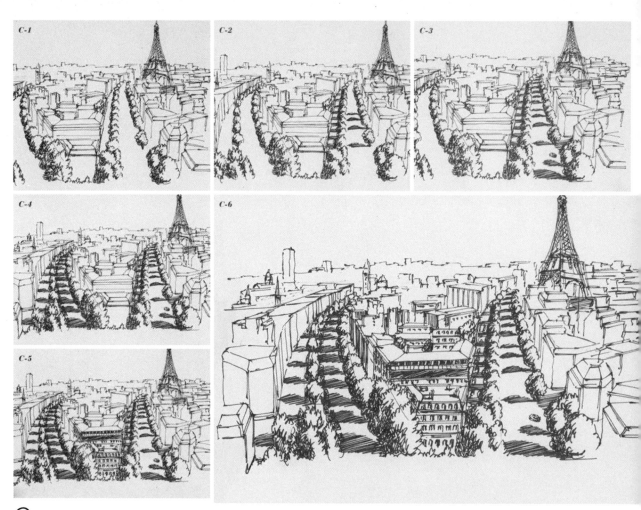

C　为道路两旁的树木添加阴影，注意树木的近大远小关系也会影响阴影面积的大小。近处的树木要仔细刻画，远处的树木绘制出大体轮廓即可。

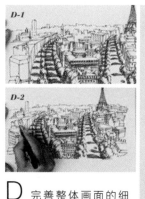

D　完善整体画面的细节，远处的建筑群只需绘制出大体外形，加强整个画面的空间感和距离感。

第5章

两点透视
原理及练习

● 两点透视原理　　● 两点透视练习　　● 两点透视鸟瞰图练习

5.1 两点透视原理

两点透视的原理是被画物体的竖立面都与画面成一定的角度而不是平行于画面。两点透视与一点透视的区别在于两点透视有两个消失点，而一点透视只有一个消失点。

两点透视原理

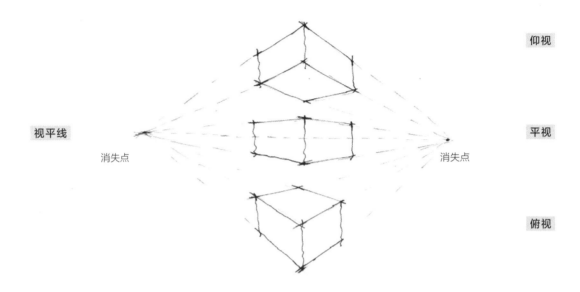

仰视

视平线

平视

消失点　　　　　　　　　　　　　　　消失点

俯视

两点透视体块练习

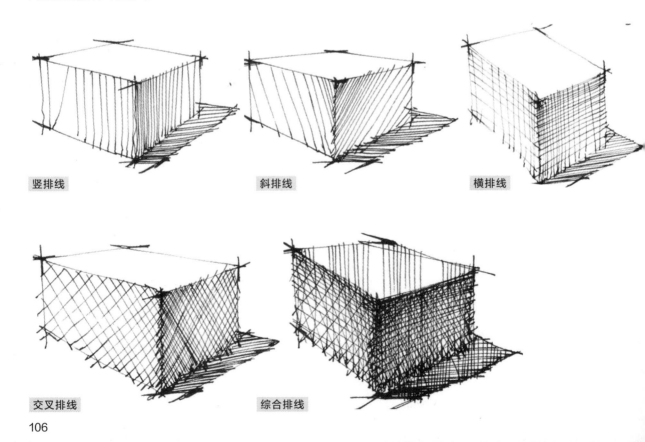

竖排线　　　　　　斜排线　　　　　　横排线

交叉排线　　　　　　综合排线

106

明暗体块

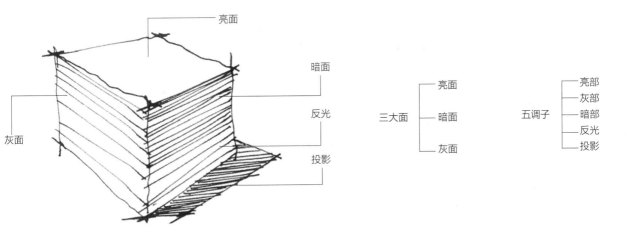

夹角与线条前后关系

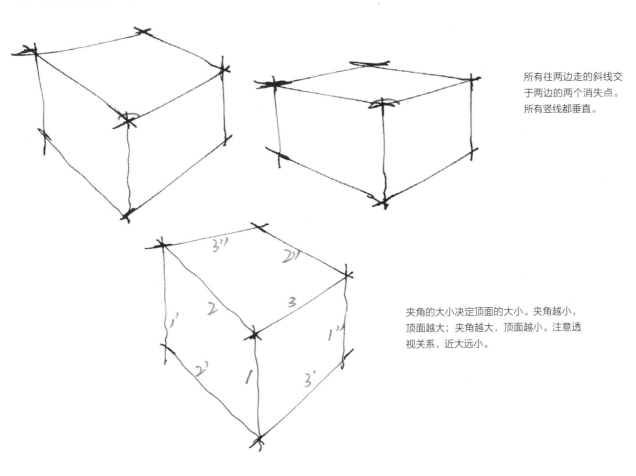

所有往两边走的斜线交于两边的两个消失点。所有竖线都垂直。

夹角的大小决定顶面的大小。夹角越小，顶面越大；夹角越大，顶面越小。注意透视关系，近大远小。

·小课堂·

越靠近水平线的面积越大，越远离水平线的面积越小。体形越大的物体在绘制时就会离消失点越远，在大型的建筑物绘制过程中会经常用到这种透视方法。

5.2 两点透视练习

在画图时首先要确定好视平线与地平线的位置，一般人眼到地面的距离大致为1.5m，物体向视平线上有两个消失点，便是两点透视。

两点透视"新"建筑

"女魔头"扎哈的辛辛那提当代艺术中心

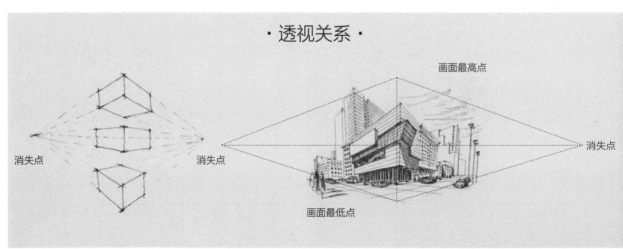

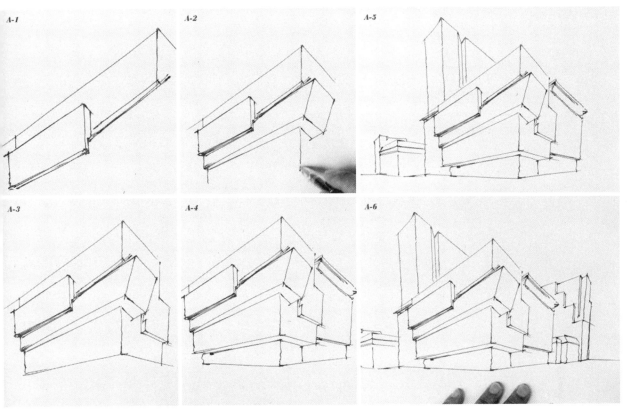

A　确定好整幅画面的构图方式，绘制建筑物的外部轮廓，按照两点透视原理画出建筑物的距离和比例。用粗的签字笔绘制出建筑物的
轮廓，绘制中要注意线条的虚实变化。

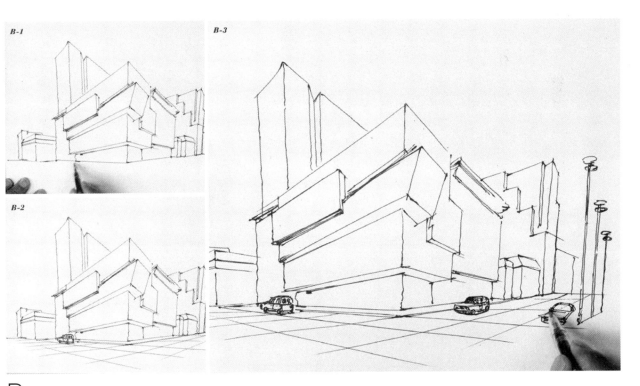

B　绘制出建筑物周围建筑群的大致轮廓，同时绘制出路边路灯的线稿。用细的签字笔绘制出车辆在画面中的位置，注意车辆在两点透
视下尺寸和比例的把握。

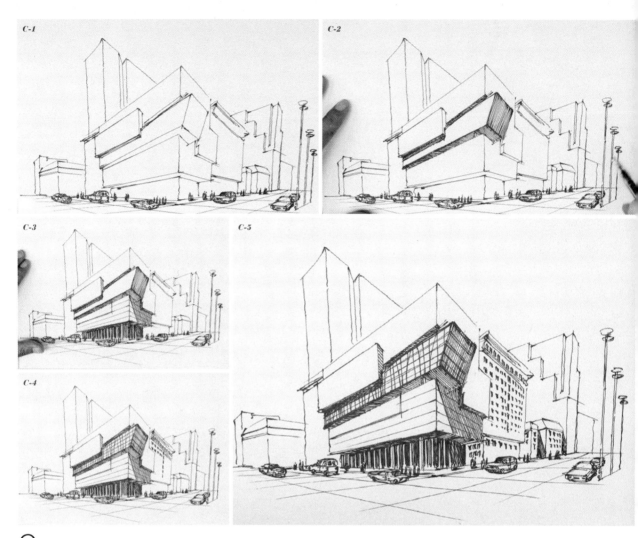

C 绘制主体建筑物的内部结构，窗户的透视和玻璃的分格要用细的签字笔刻画出来。另外，主体建筑物的投影也要随光源的照射方向绘制。在绘制比较规则的建筑物时，线条要笔直并且要有虚实变化。

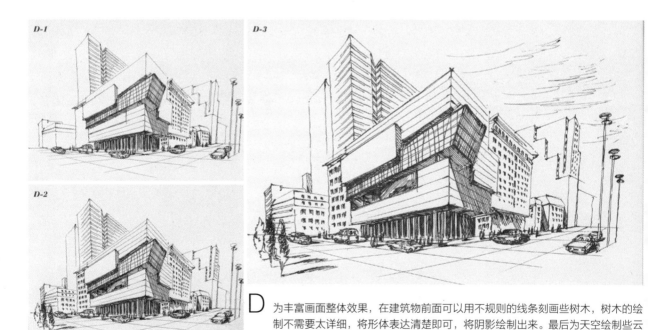

D 为丰富画面整体效果，在建筑物前面可以用不规则的线条刻画些树木，树木的绘制不需要太详细，将形体表达清楚即可，将阴影绘制出来。最后为天空绘制些云朵作为点缀。

潮概念办公楼

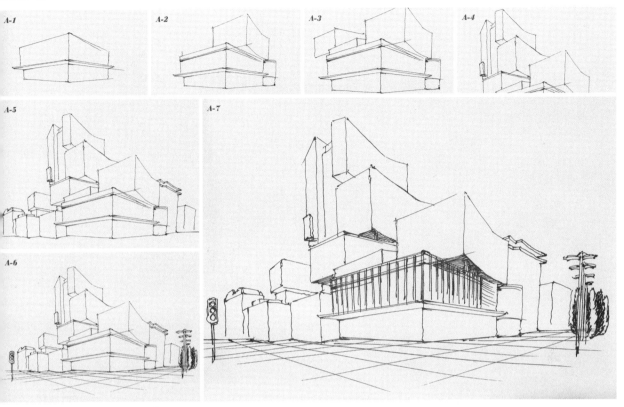

A 建筑物的不同部分呈现出来的透视效果是不同的，越靠近水平线的部分，形状变化越小。在绘制建筑物不同部分的时候要注意建筑楼层越高透视角度越大。

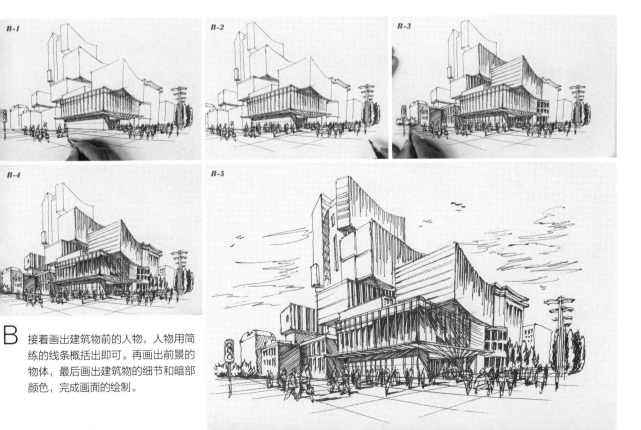

B 接着画出建筑物前的人物，人物用简练的线条概括出即可。再画出前景的物体，最后画出建筑物的细节和暗部颜色，完成画面的绘制。

戴帽子的朗香教堂

绘制步骤

A　朗香教堂可以说是建筑物中的典范，它把复杂的体块穿插与木质肌理巧妙地结合在一起，建筑物四面体块造型各不相同，顶部采用的木质肌理使整个建筑不沉闷。

B　屋顶的木质肌理在绘制时要注意质感的表达，光线的肌理也是不容忽视的，教堂体积感强烈，混凝土与木质肌理的巧妙结合凸显出教堂建筑风格的与众不同。

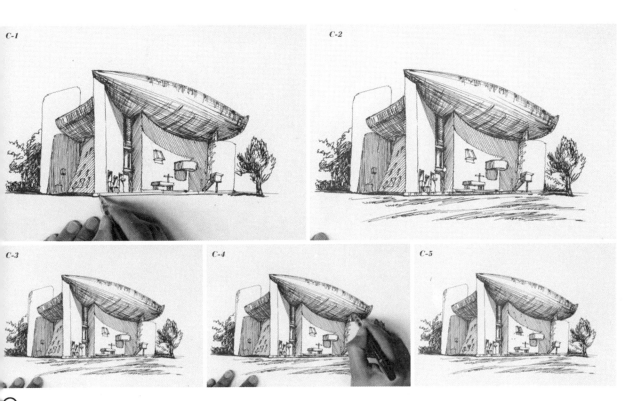

C 深入绘制教堂顶部木质肌理的暗部，肌理的刻画要仔细，线条的粗细变化要到位。不同体块的受光面积不同，所产生的阴影面积、形状也各不相同。绘制时要注意教堂不同部分的绘制效果也不同。绘制出建筑物前面的草地，画出草地的质感。

D 最后完成教堂的细节刻画，为了丰富整体画面，在天空添加些云朵作为点缀，以丰富整个画面效果。

纽约古根海姆博物馆

绘制步骤

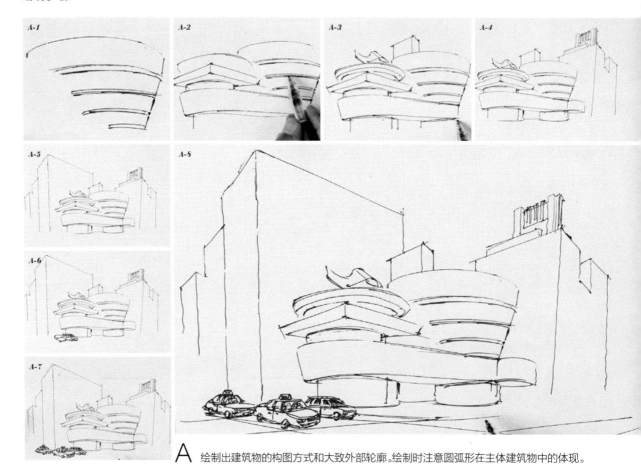

A 绘制出建筑物的构图方式和大致外部轮廓。绘制时注意圆弧形在主体建筑物中的体现。

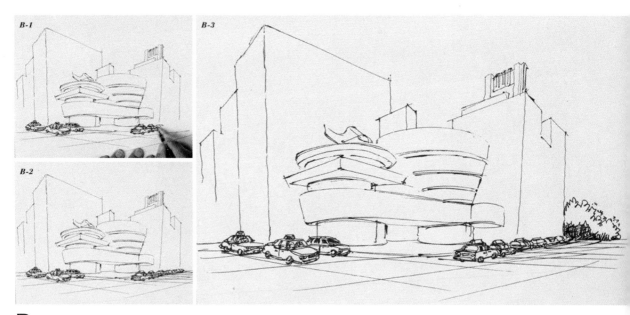

B 换用细的签字笔绘制建筑物周围的汽车，注意建筑物轮廓线的方圆结合，圆弧形的建筑风格在画面中造型奇特，与周围方形体块的建筑物形成鲜明的对比，要准确把握透视关系。

C 　给主体建筑物添加内部细节。改用细的签字笔进行绘制。要用较柔和的线条绘制出圆弧形的形体。建筑物周围的人物绘制出基本形
　　态即可，绘制人物时要注意人物与建筑间的比例关系。

D 　继续绘制出建筑物的细节部分，用长直线绘制出建筑物上的窗户，整体建筑物要刻画的细
　　节部分较多，在绘制时注意把握透视关系。

E　完善建筑物的门窗刻画，然后分清主次，把主体建筑物与其他建筑物之间的穿插关系表达明确，用长直线将投影出来，要注意有明暗变化。根据近大远小的透视关系绘制出建筑物侧面的窗户。

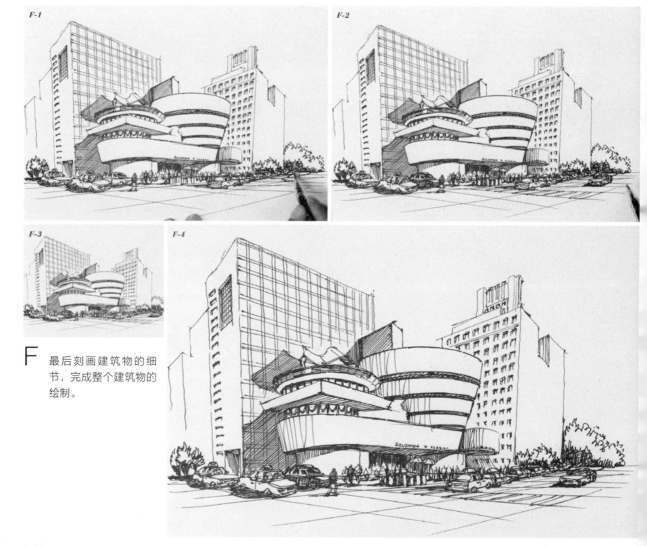

F　最后刻画建筑物的细节，完成整个建筑物的绘制。

三里屯优衣库大楼

绘制步骤

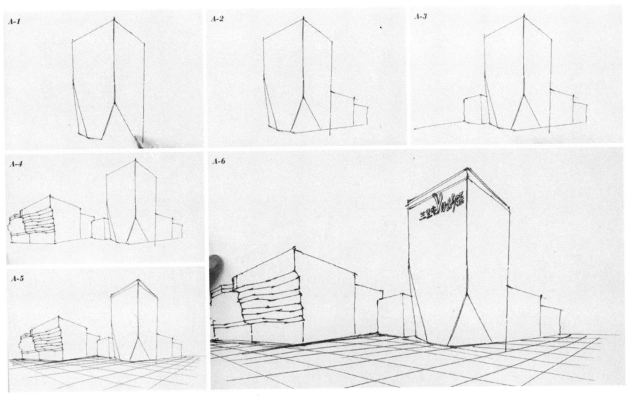

A 确定建筑物在画面中的构图方式，大致绘制出建筑物的外部轮廓。之后绘制出建筑物立面与地平线间的交叉点，根据透视原理绘制出地面结构。

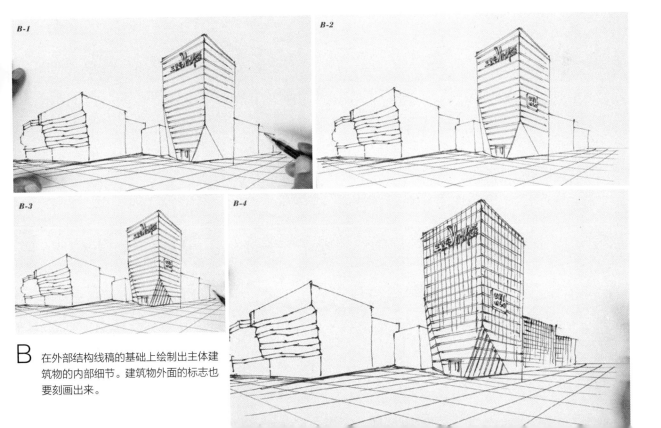

B 在外部结构线稿的基础上绘制出主体建筑物的内部细节。建筑物外面的标志也要刻画出来。

C 继续深入刻画建筑物细节，主体建筑物后面的建筑群与前面建筑间的距离要绘制清楚，画出空间感。在绘制主体建筑物时线条要有
疏密变化。

D 最后添加人物群体，在绘制中要把握好人物群体与建筑之间的关系。在天空绘制些云朵及飞鸟，作为装饰，丰富整个画面。

两点透视经典建筑

糖果梦幻般的俄罗斯圣瓦西里大教堂

绘制步骤

A 首先确定出画面的构图方式和建筑物大体外部轮廓。用粗的签字笔绘制出整个外形。

B 注意线条的疏密关系与整体的虚实对比。确定出画面的视觉中心点开始刻画细节，其他部分的刻画相对减弱。分清主次对画面的稳定感和层次感尤为重要。

C　多重穹顶的建筑物比较复杂，深入刻画屋顶处的纹理。在整体刻画的同时，将视觉中心作为刻画重点。建筑物周围的树木可用不规则的线条绘制，暗部阴影也要仔细刻画，大致绘制出人群形体和神态即可。

D　这座教堂的多塔式建筑形式比较少见，建筑外形多变、装饰复杂，空间层次丰富。绘制时要明确重点，削弱次要表现形式。

E 仔细刻画建筑物中复杂多样的结构，绘制出穹顶的多重表现形式，要把握好左右对称、近大远小、高低错落的不同透视关系。

F 最后为建筑物作细节处理，加强视觉中心的刻画，减弱次要部分的刻画，使建筑主次分明，更有空间感。整个教堂特点鲜明，上端的"洋葱顶"形态多变，颇具地域特点。

神秘的土耳其圣索菲亚大教堂

A 先确定出画面的构图方式，画出建筑物的大致轮廓。用粗的签字笔绘制出不同建筑物间的尺寸与距离。绘制时要注意建筑物间的相互穿插关系、线条的虚实变化和正确的透视关系。石材在建筑外立面的形体要把握正确，注意质感的表现。

B 要利用线条的粗细、直曲变化表现石材的坚硬质感。绘制建筑物时线条的下笔要肯定。石材建筑物的绘制中要注意明暗对比关系。

122

C　深入刻画建筑物的细节，绘制出建筑物的黑白灰关系，塑造出建筑的立体感。建筑物主要的部分强化，次要的适当减弱，将石材质感的小细节处理清楚。

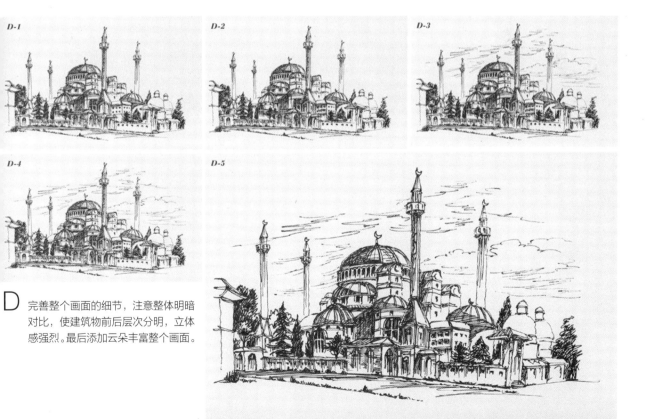

D　完善整个画面的细节，注意整体明暗对比，使建筑物前后层次分明，立体感强烈。最后添加云朵丰富整个画面。

泰国庙宇

绘制步骤

A　根据画面的大小、建筑物比例确定好构图方式，然后用较粗的签字笔绘制出建筑物的外部结构。绘制时注意建筑物与周围环境的关系。

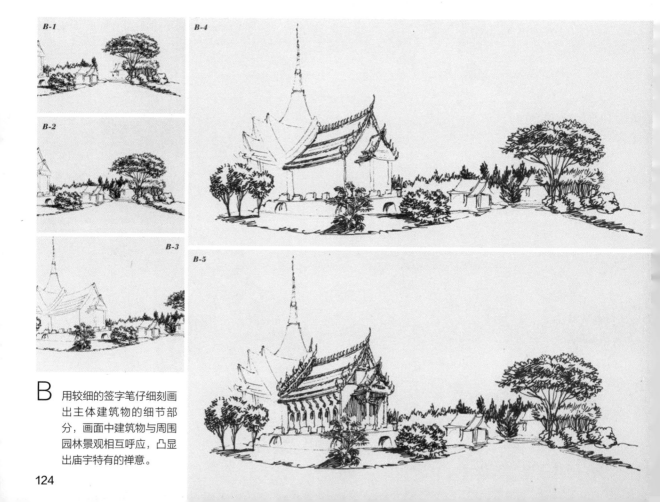

B　用较细的签字笔仔细刻画出主体建筑物的细节部分，画面中建筑物与周围园林景观相互呼应，凸显出庙宇特有的禅意。

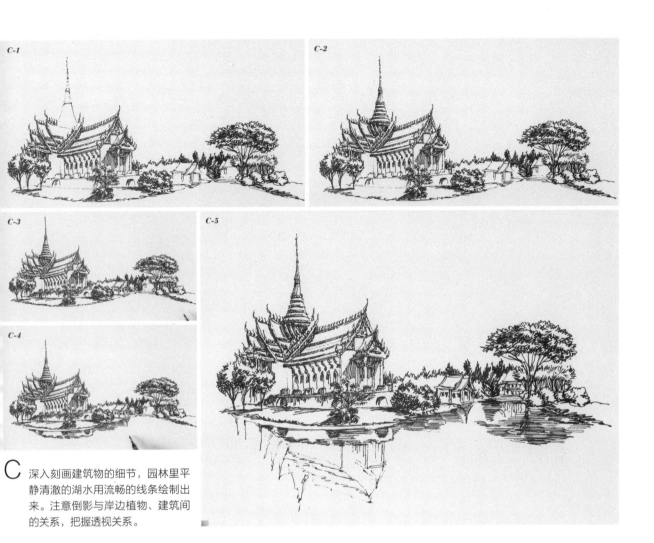

C-1

C-2

C-3

C-5

C-4

C 深入刻画建筑物的细节，园林里平静清澈的湖水用流畅的线条绘制出来。注意倒影与岸边植物、建筑间的关系，把握透视关系。

D-1

D-3

D-2

D 庙宇与周围植物巧妙地结合在一起，画面显得更加丰富、生动。最后用曲线把天空中的云朵绘制出来，与刚硬笔直的建筑物形成鲜明的对比，使画面更加有活力。

带有蓝色顶的建筑

绘制步骤

A 确定出画面的构图方式和建筑物的大致轮廓，要注意构图的疏密变化。绘制建筑物屋顶、墙面的排线通常要用较细的签字笔，将明暗关系绘制清楚。绘制建筑物穹顶的网格时要注意透视关系，多用弧线表达出建筑物的美感。

B 绘制建筑物时要分清主次，主体建筑的刻画应仔细、精致，而次要部分减弱处理。这样整体画面才有层次感。用长直线绘制倒影。天空的云朵用流畅的线条绘制。

比利时圣心大教堂

绘制步骤

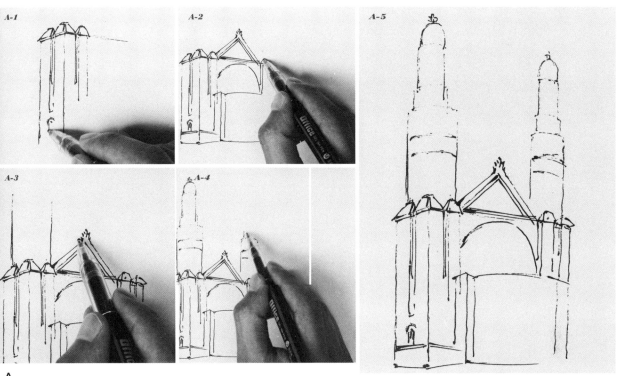

A　确定出画面的构图方式和建筑物外形，然后按照建筑物的比例与尺度，定出各个部分的位置，注意透视关系。用粗的签字笔绘制主体建筑的轮廓，注意线条的虚实变化。

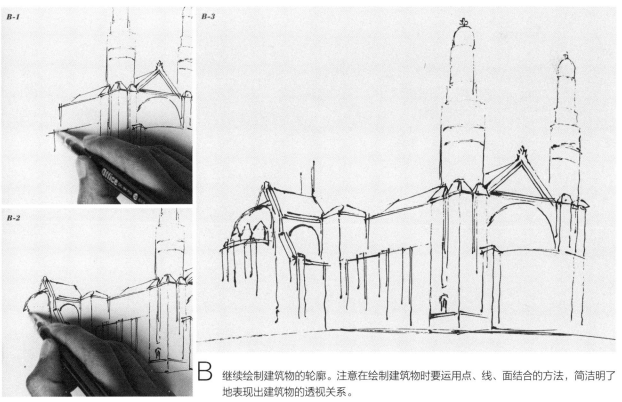

B　继续绘制建筑物的轮廓。注意在绘制建筑物时要运用点、线、面结合的方法，简洁明了地表现出建筑物的透视关系。

C 完善建筑物的房顶和道路边线的细节，用不规则的块面来表现建筑物前的树木，要有明暗区分。根据近大远小的透视原理绘制路灯。完成画面的初步绘制。

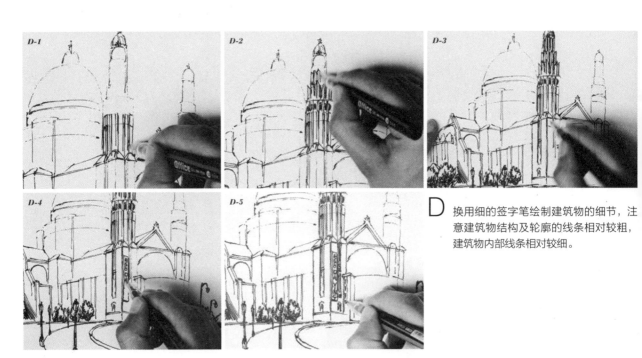

D 换用细的签字笔绘制建筑物的细节，注意建筑物结构及轮廓的线条相对较粗，建筑物内部线条相对较细。

E 继续深入刻画建筑物的细节，当画面中线条较多时，要分清楚主次，主要的要强化，次要的适当减弱，使线条分布上有疏密变化。让整个画面平衡。

F 注意线条的疏密关系与整体的虚实对比。对视觉中心进行详细刻画，增强画面的稳定感和层次感。

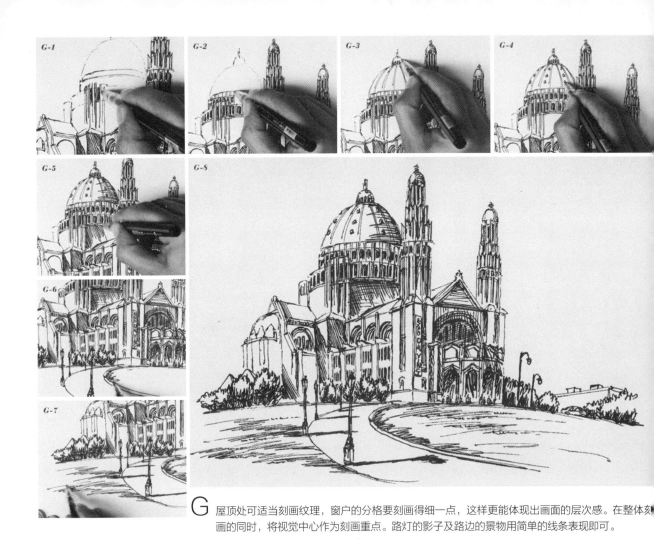

G 屋顶处可适当刻画纹理，窗户的分格要刻画得细一点，这样更能体现出画面的层次感。在整体刻画的同时，将视觉中心作为刻画重点。路灯的影子及路边的景物用简单的线条表现即可。

H 最后完善画面细节，顺势刻画一些云朵和飞鸟作为背景衬托，丰富整个画面。

5.3 两点透视鸟瞰图练习

两点透视鸟瞰图就是从高空中某点俯视地面看到建筑物的立体图，这个角度看到的建筑物更加具有真实感。

两点透视鸟瞰"潮"建筑群落

宁波博物馆

绘制步骤

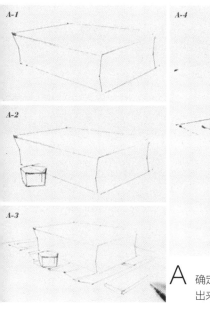

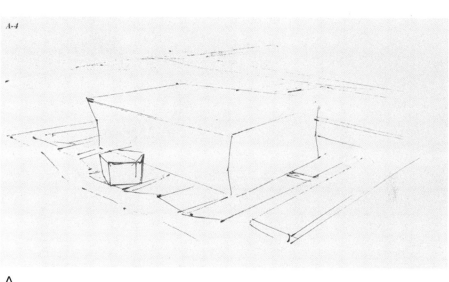

A 确定画面的构图方式和建筑物与周围环境的大致外部轮廓。建筑物可以很直接地用体块表现出来，再运用点、线、面结合的方法表现出建筑物的透视关系。

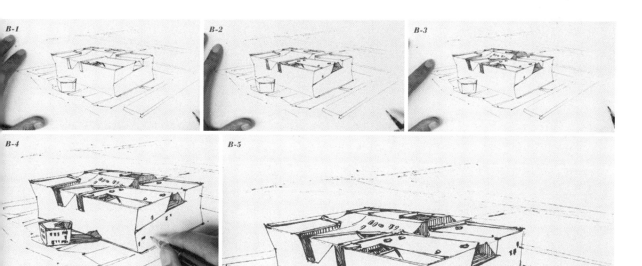

B 绘制建筑物的内部结构。刻画出建筑物门窗等大量的细节，才能表现出建筑物的层次感和空间感。

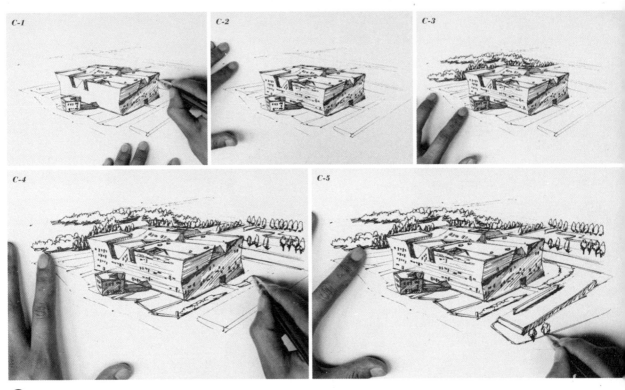

C 深入绘制建筑物的整体细节和道路边线，根据近大远小的透视原理绘制出建筑物周围的树木，要有明暗对比。

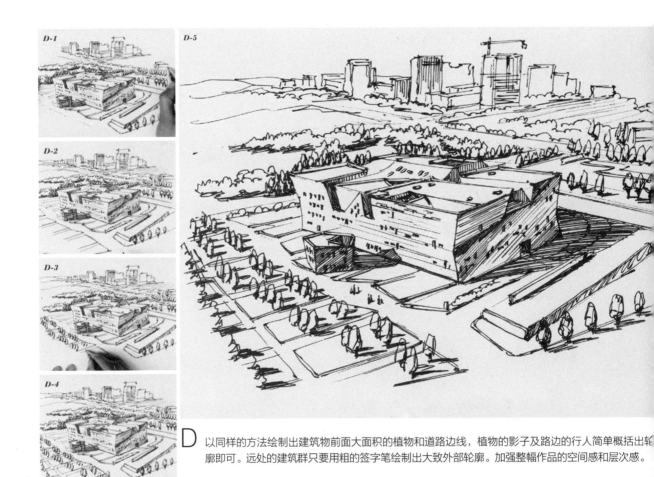

D 以同样的方法绘制出建筑物前面大面积的植物和道路边线，植物的影子及路边的行人简单概括出轮廓即可。远处的建筑群只要用粗的签字笔绘制出大致外部轮廓。加强整幅作品的空间感和层次感。

北大图书馆

绘制步骤

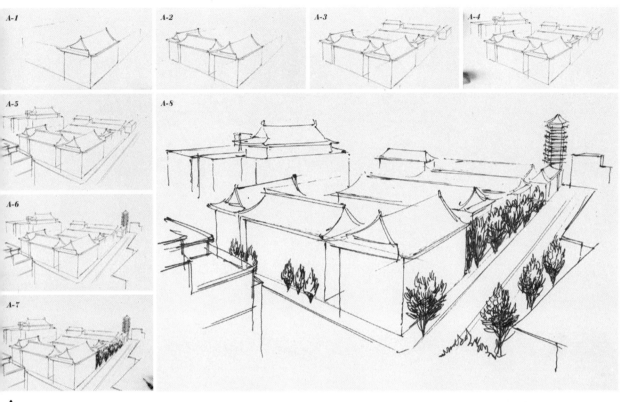

A 明确画面的构图方式，确定建筑物之间的尺寸与距离，运用点、线、面结合的方法绘制出建筑物的大致外部轮廓，注意线条的虚实变化和正确的透视关系。用不规则的线条绘制建筑物周边的植物，绘制时注意近大远小，近实远虚的透视原理。

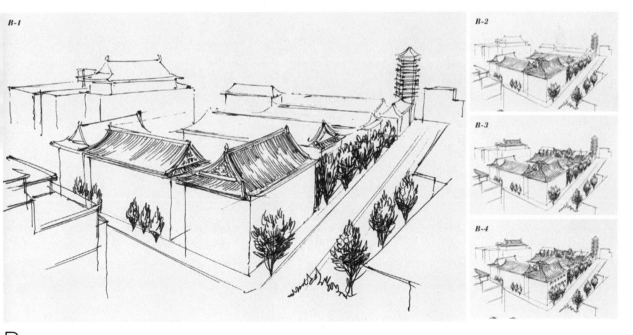

B 用细的签字笔绘制出建筑物屋顶的瓦片，绘制时注意排线方式以及明暗关系的处理。线条的运用要细腻流畅。线条的粗细、疏密对整体画面效果起到很大的作用，所以在绘制中要处理好。

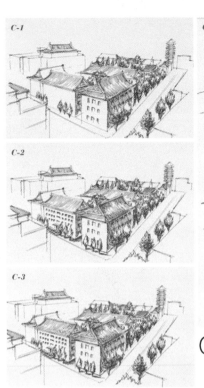

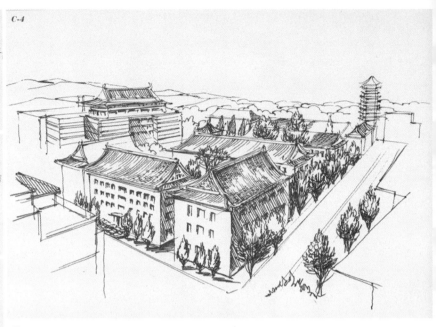

C 完成剩余建筑物的屋顶瓦片的绘制，如何组织线条及处理好相互间的穿插关系是表现建筑物的重点，也会让整体画面更有层次。绘制时注意屋顶瓦片与建筑物墙面明暗的对比。

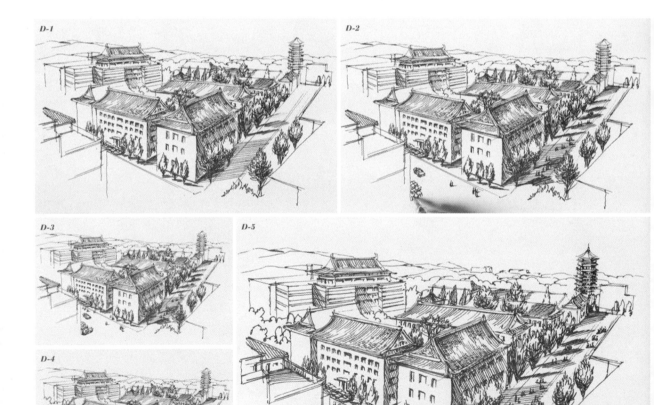

D 最后调整画面细节，建筑物的暗部阴影用简单的线条绘制即可。仔细刻画出画面中主要的建筑物，而次要的建筑物减弱处理，画面最远处的建筑物绘制出基本轮廓即可。使整个画面更丰富，更有层次感。

成都太古里

绘制步骤

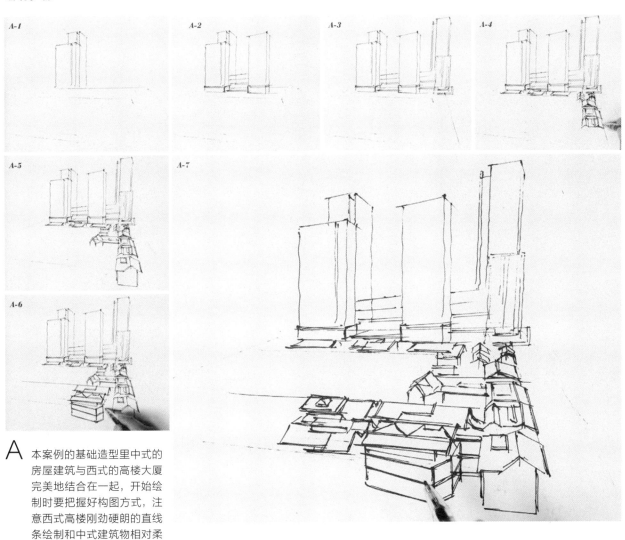

A-1 A-2 A-3 A-4

A-5 A-7

A-6

A 本案例的基础造型里中式的房屋建筑与西式的高楼大厦完美地结合在一起，开始绘制时要把握好构图方式，注意西式高楼刚劲硬朗的直线条绘制和中式建筑物相对柔和的线条之间的区分。

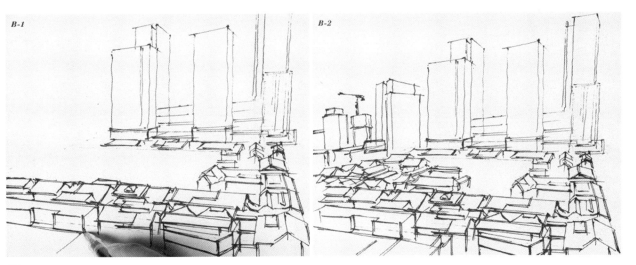

B-1 B-2

B 继续绘制建筑物结构，绘制时注意建筑物近大远小、近实远虚的透视关系和建筑体块的表现。

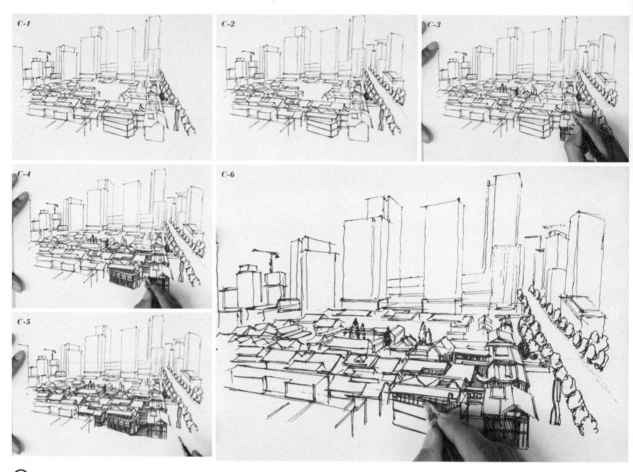

C 开始绘制建筑物的内部细节。将画面中所有建筑物的暗部阴影绘制出来，注意不同的阴影要有明暗和虚实变化。在对建筑物的暗部进行刻画的同时，也要将建筑物受光部分刻画出来。

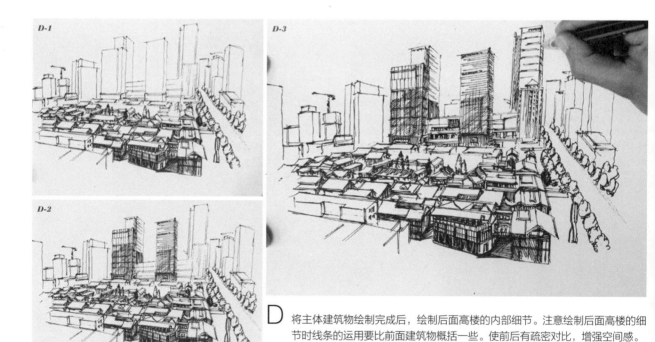

D 将主体建筑物绘制完成后，绘制后面高楼的内部细节。注意绘制后面高楼的细节时线条的运用要比前面建筑物概括一些。使前后有疏密对比，增强空间感。

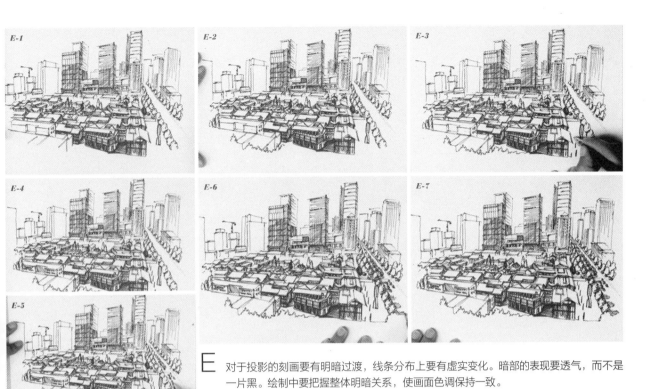

E　对于投影的刻画要有明暗过渡，线条分布上要有虚实变化。暗部的表现要透气，而不是一片黑。绘制中要把握整体明暗关系，使画面色调保持一致。

F　将画面前面的建筑物绘制完成后，为后面的高楼添加细节。使画面的层次分明。重点刻画前面的建筑物，后面的高楼可以减弱细节，表达出前后的空间感。而更远处的建筑物只要绘制出简单的外部轮廓即可。

北京新浪总部

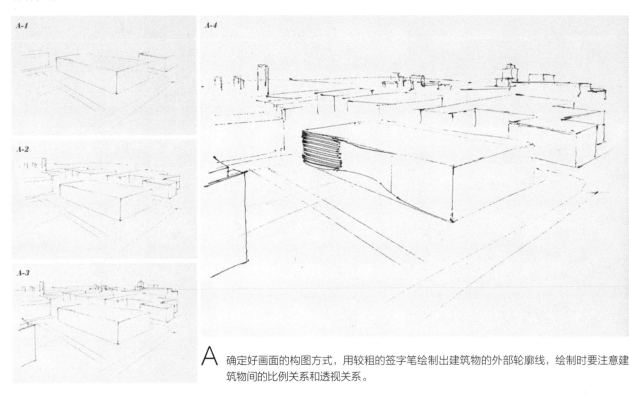

A 确定好画面的构图方式，用较粗的签字笔绘制出建筑物的外部轮廓线，绘制时要注意建筑物间的比例关系和透视关系。

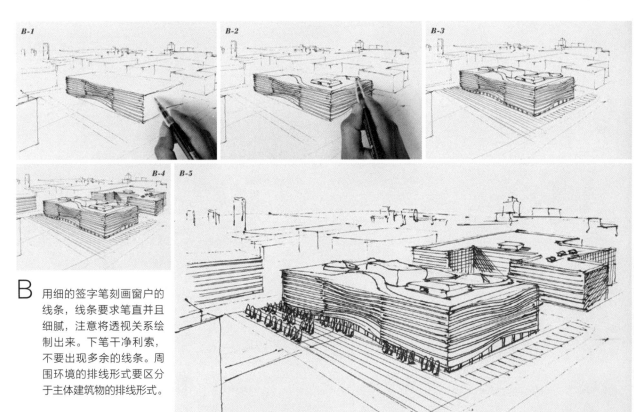

B 用细的签字笔刻画窗户的线条，线条要求笔直并且细腻，注意将透视关系绘制出来。下笔干净利索，不要出现多余的线条。周围环境的排线形式要区分于主体建筑物的排线形式。

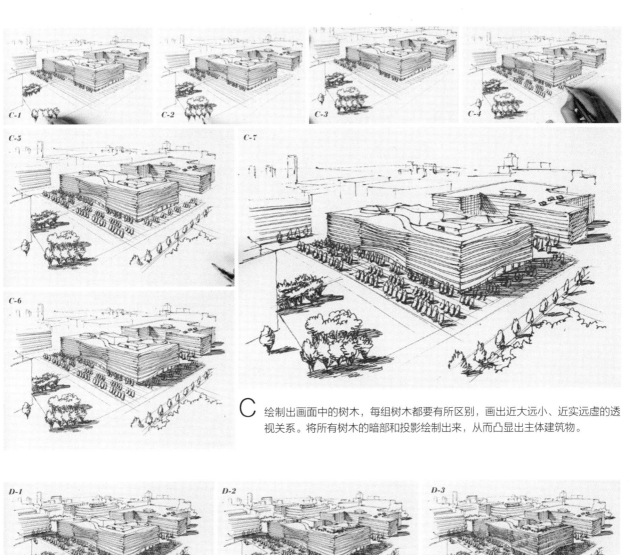

C   绘制出画面中的树木，每组树木都要有所区别，画出近大远小、近实远虚的透视关系。将所有树木的暗部和投影绘制出来，从而凸显出主体建筑物。

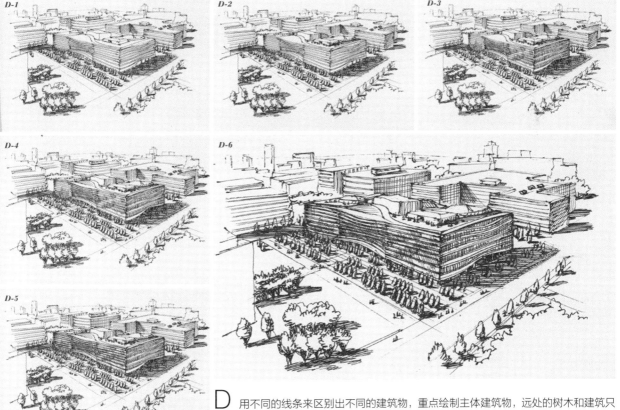

D   用不同的线条来区别出不同的建筑物，重点绘制主体建筑物，远处的树木和建筑只需绘制出大体形态即可。

哈尔滨大剧院

绘制步骤

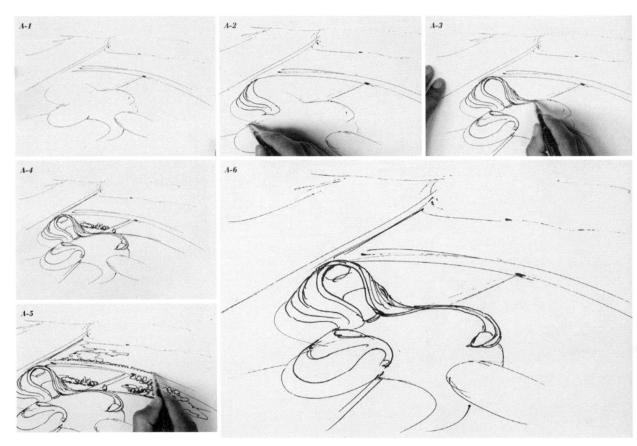

A　根据建筑物的外部形态确定出适合的构图方式。绘制出建筑物及周边环境的外部轮廓。用流畅的线条绘制出建筑物的外部轮廓线，绘制时要注意建筑物线条，弯曲的弧度要自然流畅。

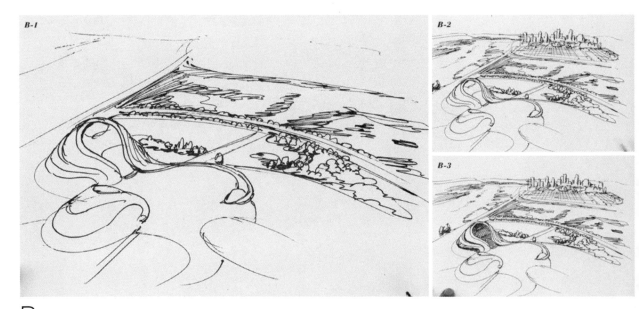

B　用不规则的线条绘制出后面的植物，注意整体明暗关系的表现。线条的轻重、缓急都应随着植物的生长方向绘制，掌握好线条的方向，尽量避免线条死板，不柔和。

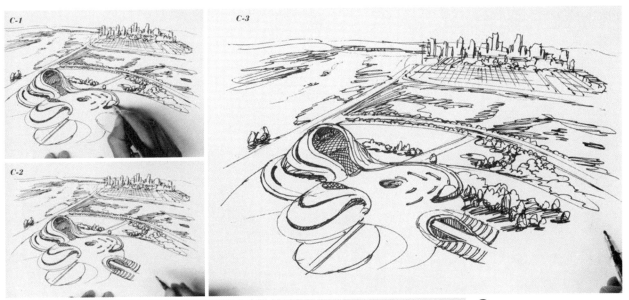

C-1

C-2

C-3

C-4

C-5

C 深入刻画整体细节，通过线条的排线方向表达出物体的质感。

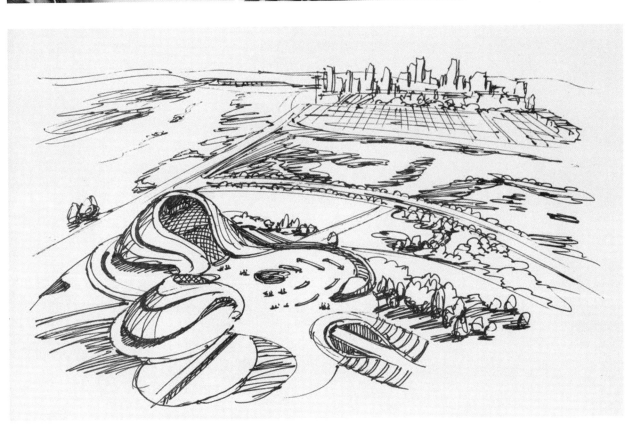

D 本案例中的建筑物宛如飘动的绸带，自然流畅的纹理和多变的形态使人感受到柔和温暖的氛围。用自然、流畅的线条，将形体绘制准确，透视关系正确，使画面前后对比强烈有层次。

两点透视鸟瞰经典建筑群落

青岛栈桥鸟瞰

绘制步骤

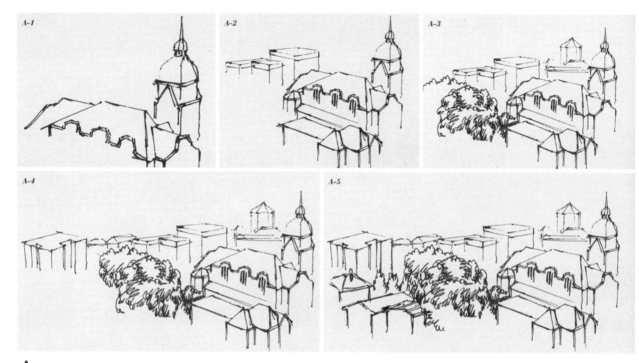

A 确定出画面的构图方式，按照透视关系下近大远小的原则绘制画面中的建筑物的轮廓。另外，要绘制的建筑物在整个画面中所占比例要明确，并且留出些空余部分。绘制大致外部轮廓时要表现出画面的空间感。

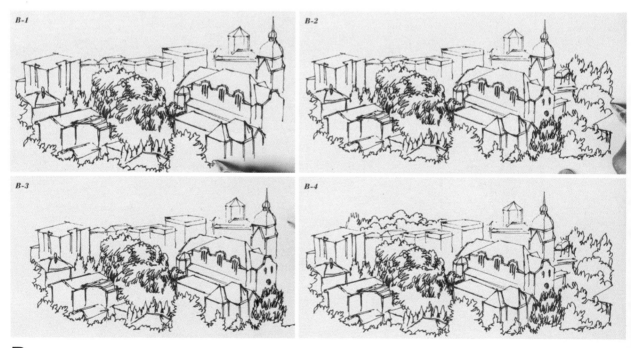

B 绘制画面中的建筑物，绘制建筑物时下笔应干净利索，而绘制植物的时候却要注意线条的弯曲、柔和、层次感的表达。周边植物与建筑物形成鲜明的对比，绘制时要突出主体建筑物。

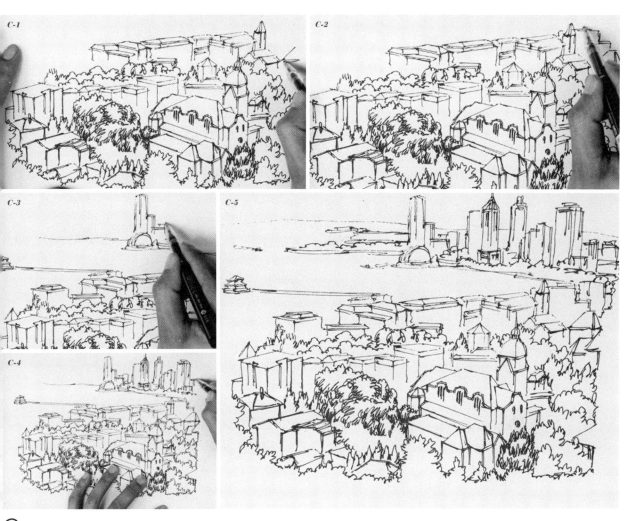

C　简单绘制出画面最远处的建筑群及周边的海平面线，远处的建筑群无须仔细刻画，只要大致绘制出建筑群的外形即可。

D　当画面中出现较多的线条时，要把握好线条的走向和虚实变化，及线条疏密关系和穿插方式的运用。在给建筑物绘制暗部阴影的时候，线条也要有所区别。通过线条的虚实和疏密变化来表现出画面的空间感。

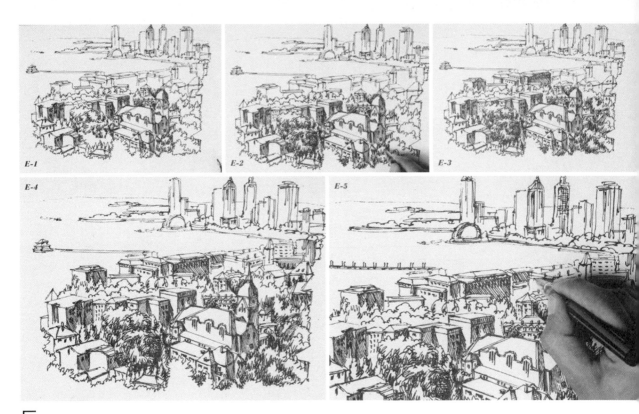

E 绘制建筑物之间暗部和阴影的时候，排线方式很重要，能区分出画面的层次和空间关系，也会影响作品的精细程度。平时要加强排线的练习。

F 为了使画面更加丰富，继续添加一些细节的处理。建筑物窗户的体现、不同树林间层层的叠加，以及各部分前后透视关系的体现，都要详细绘制出来，使作品更丰富，空间感更强。

意大利威尼斯教堂

绘制步骤

A 本案例建筑物的穹顶特点明显，开始绘制前要做好构图和建筑尺寸、比例的合理安排。绘制时线条要流畅，透视关系要准确，注意建筑物圆形弧度的把握和左右对称的关系。绘制时主体建筑物与周围建筑物间弯曲线条和长直线相互交错，重点突出主体建筑物。

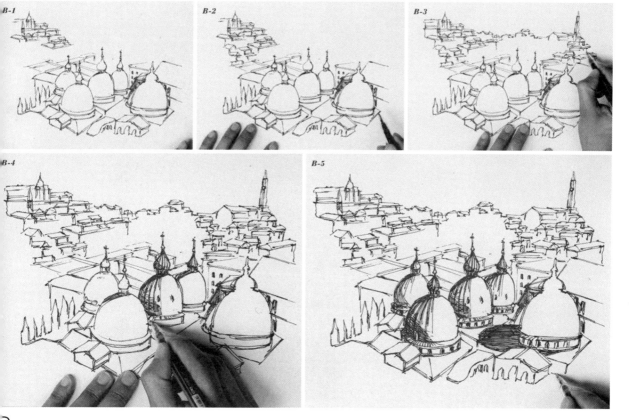

B 当绘制好建筑物的整体线稿后，开始刻画建筑物的内部细节，并为建筑物的绘制暗部阴影。注意建筑物穹顶的弧度特点，把握好正确的透视关系。线条的运用要合理、自然。

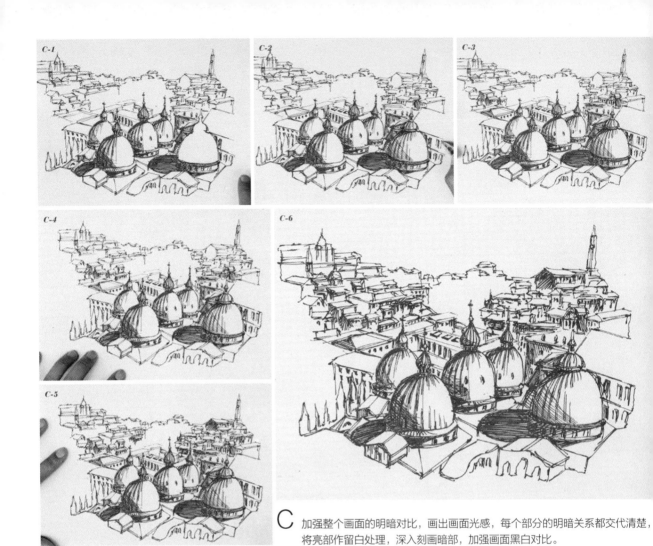

C 加强整个画面的明暗对比，画出画面光感，每个部分的明暗关系都交代清楚，将亮部作留白处理，深入刻画暗部，加强画面黑白对比。

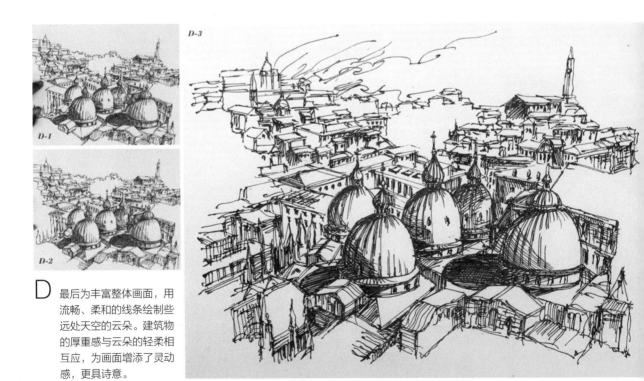

D 最后为丰富整体画面，用流畅、柔和的线条绘制些远处天空的云朵。建筑物的厚重感与云朵的轻柔相互应，为画面增添了灵动感，更具诗意。

梵蒂冈圣彼得广场

绘制步骤

A 先确定出画面的构图方式，大致绘制出建筑物的外部轮廓。利用透视原理和点、线、面结合的方法绘制出各个建筑物的形体，绘制出教堂的弯顶结构。

B 绘制出远处建筑物的大致轮廓，绘制时注意线条的虚实变化。接着开始刻画主体建筑物的内部细节。

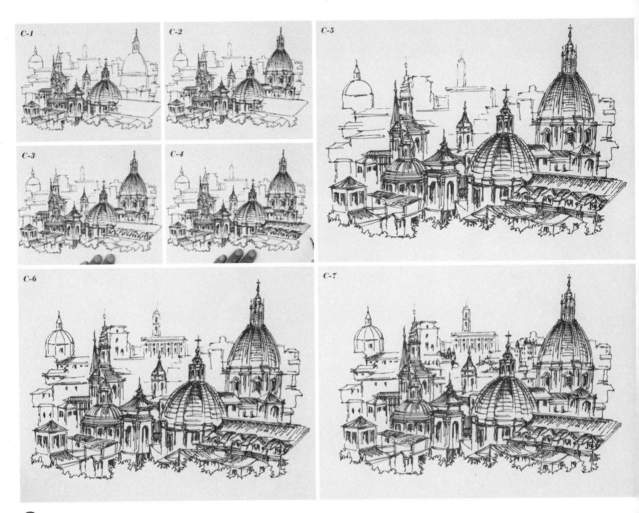

C 深入刻画建筑物的内部细节，注意在绘制建筑物穹顶的细节时，将透视关系刻画准确，要仔细刻画出穹顶结构的厚重感。排线要随着穹顶的弧度和光影的变化而变化，然后仔细刻画出建筑物的窗户细节。

D 在控制好画面整体效果的前提下，将建筑物的前后空间关系绘制出来，要分清主次，主要建筑物重点刻画，次要建筑物忽略细节。

第6章

三点透视
原理及练习

● 三点透视原理　　● 三点透视练习　　● 三点透视鸟瞰图练习

6.1 三点透视原理

　　三点透视又被称为斜角透视，是指在画面中有三个消失点的透视。当绘制的物体与视线形成角度时，由于立体的特性，会出现向长、宽、高三重空间延伸的块面，并且消失于三个不同空间的点上。

三点透视原理

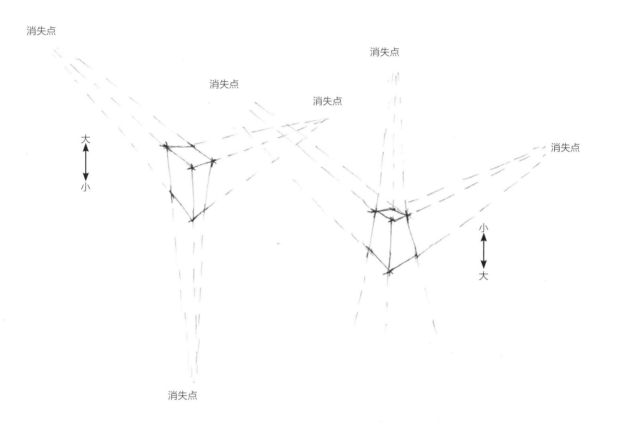

三点透视体块练习

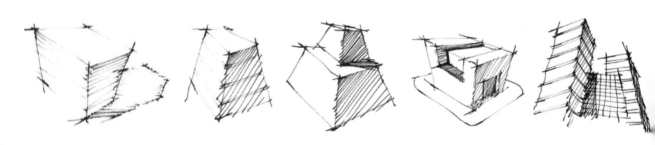

6.2 三点透视练习

仰视圣家族大教堂

绘制步骤

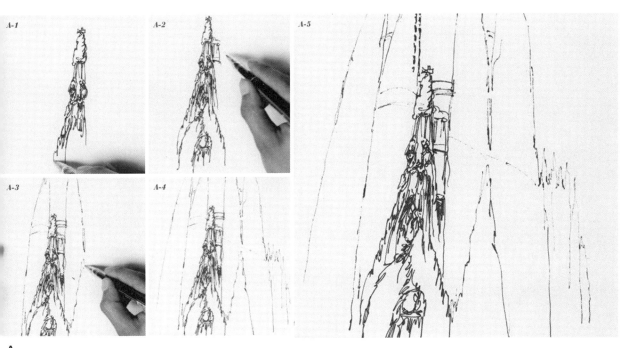

A 三点透视原理对画面的构图要求比较高。合理、舒服的构图对作品的整体绘制很重要。开始绘制建筑物的大致外部轮廓。绘制时注意线条的虚实变化以及透视关系。

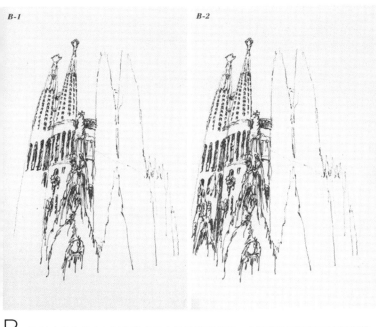

B 绘制建筑物的内部结构注意窗户的排线要合理。由于整体画面是三点透视的仰视角度，第三个消失点在水平线之上。绘制时要把握好仰视角度下的近大远小关系。

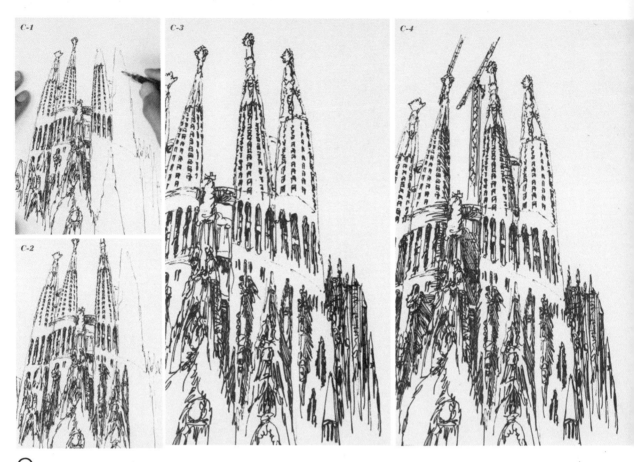

C 深入刻画建筑物的细节，整体画面线条较多时要注意排线的合理安排，在刻画不同建筑物的门窗时要分清主次选取视觉中心的建筑物重点刻画，而其他部分的窗户就要相对减弱。加强整体画面的层次感和空间感。

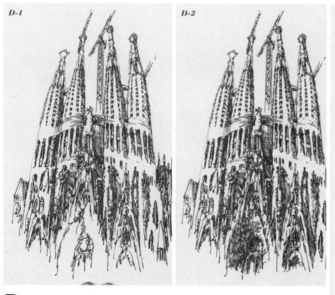

D 建筑物整体呈现仰视角度，将透视关系刻画准确才能凸显出建筑物本身的宏伟壮观。最后调整细节，完善画面，加强整个建筑物的空间感。

青岛花石楼

绘制步骤

A 按照建筑物的比例与尺寸确定出画面的构图方式，注意透视关系的把握，用粗的签字笔绘制出主体建筑物的轮廓和周围的建筑框架，注意线条的虚实变化。

B 为画面绘制人物群体。人物的绘制过程中要注意近大远小、近实远虚的透视关系。近处的人物在绘制时可以重点刻画，而远处的人物绘制出基本形态即可。

C 用不规则的线条绘制出画面中的植物，注意绘制出植物层层叠加的层次感和明暗关系。在绘制建筑物内部细节时要把握好透视原理，门窗的绘制要随圆柱体的变化而变化。

D 最后调整画面，添加细节。为画面画出光影的效果。线条的走向要明确、灵活，使整个画面更生动、整体。

雅典神庙

绘制步骤

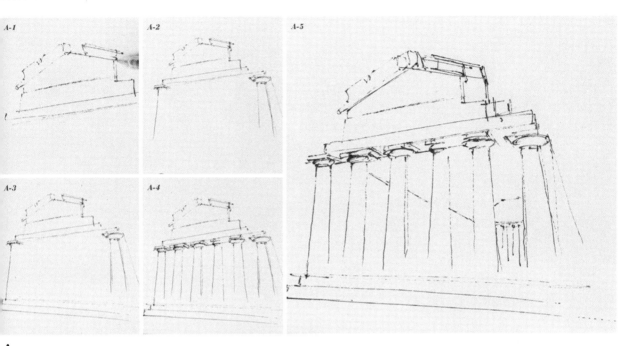

A 绘制之前要先确定好整体画面的构图方式，根据画面中建筑物的长宽、比例结合点、线、面的方式绘制出建筑物的外部轮廓。将建筑物中圆柱体的透视关系绘制出来，柱身会呈现出近宽远窄的透视变化。

B 在绘制建筑物旁边植物的时候，注意和建筑物的对比关系，绘制出植物和建筑物的暗部和阴影部分。

C-1

C-2

C-4

C 用不规则的块面来表现建筑物周边的草丛和远处的山体形状，要有明暗区分。根据建筑物的形状来绘制暗面阴影的形状。注意暗部阴影在周围环境影响下的变化。

C-3

D-1

D-2

D-3

D-4

D-5

D-6

D-7

D 最后绘制出建筑物的质感。深入刻画，增强黑白对比，注意顶部细节的处理和质感的表现。丰富细节，添加空中的云朵，加强整体画面和空间感，完成绘制。

仰视神柱

绘制步骤

A 确定构图方式，绘制出建筑物大致的外部轮廓。用粗的签字笔绘制出建筑物的外部结构，注意线条的虚实变化，要沿着建筑物的形体排线。

B 继续绘制建筑物的轮廓，用细的签字笔仔细刻画出建筑物的内部细节。

C　当画面中建筑物较多时，要分清楚主次关系。主体建筑物要重点刻画，注意细节的绘制，次要的建筑物适当减弱细节绘制，使线条分布上有疏密、虚实的变化。

D　绘制整组建筑物时注意线条的粗细、疏密对比，在把握好透视关系的前提下加强明暗对比，使整体画面更统一。

哈尔滨道外区老房子

绘制步骤

A 确定画面的构图方式绘制出建筑物及周围环境的大致外部轮廓，按照尺寸比例关系绘制出建筑物及前面小车的基本形态，并把握好透视关系。改用细的签字笔，刻画建筑物的细节，尤其建筑物上门窗的体现。

B 接着刻画出光影下建筑物的暗部以及门洞里的细节。

C 刻画细节，运用近大远小的透视原理绘制出地面向远处延展的效果，加强空间感。

D 用粗线条绘制出暗部的细节，画出透气的感觉。调整整个建筑物的细节，使画面空间与纵深感强烈。

6.3 三点透视鸟瞰图练习

洛阳丽景门

绘制步骤

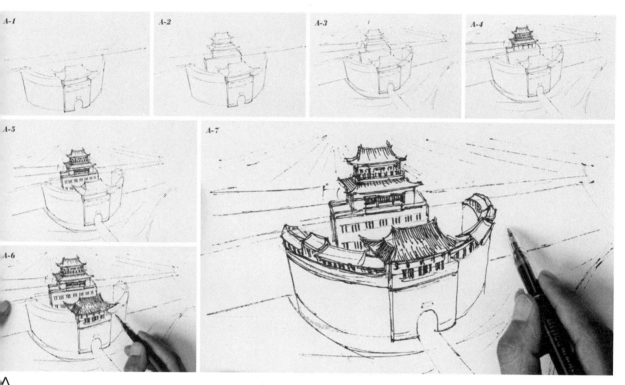

A 确定出画面整体的构图方式，绘制出建筑物的外部轮廓及周边环境的大致外形。绘制过程中要遵循三点透视原理进行绘制。注意三点透视影响下鸟瞰图的形状变化。用较细的线条绘制出建筑物屋顶的瓦片及窗户的细节。

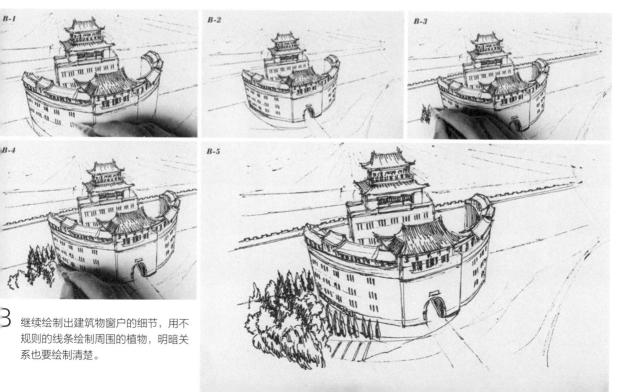

B 继续绘制出建筑物窗户的细节，用不规则的线条绘制周围的植物，明暗关系也要绘制清楚。

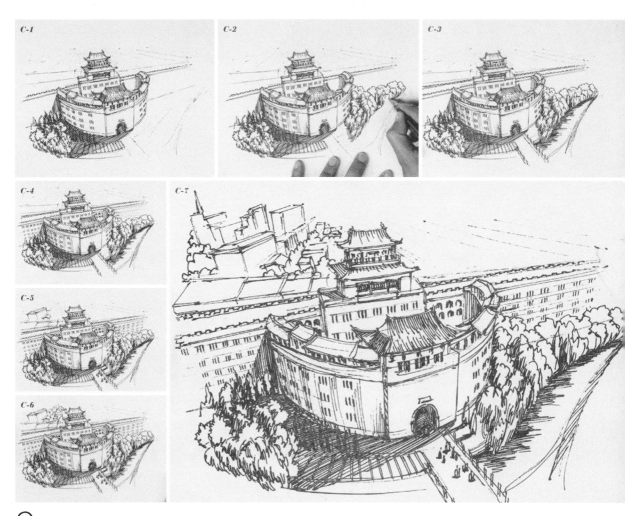

C 深入刻画建筑物的细节，绘制建筑物及周围植物的暗部阴影时，注意线条的走向和疏密关系的把握。用简单的线条绘制出后面的建筑群轮廓，加强整体画面的空间感。

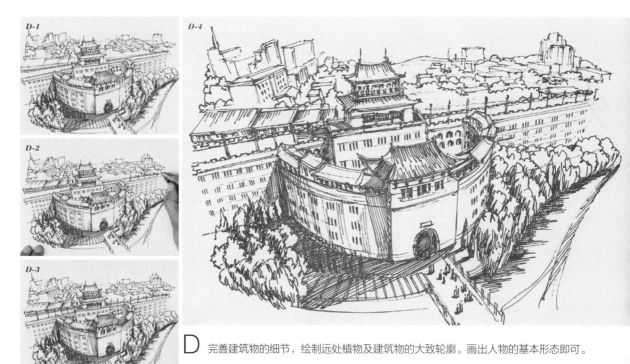

D 完善建筑物的细节，绘制远处植物及建筑物的大致轮廓。画出人物的基本形态即可。

跑酷青年视角下的都市群落

绘制步骤

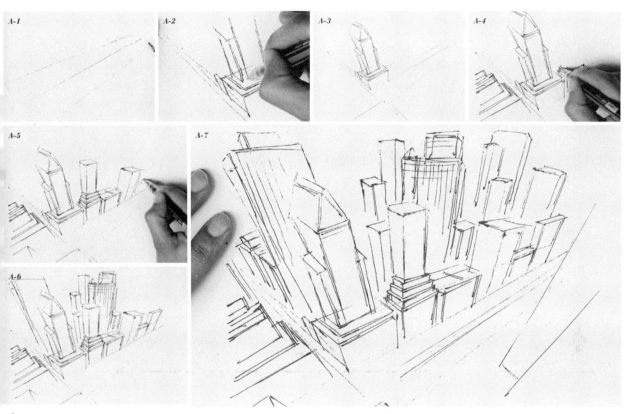

A 绘制透视感超强的俯视效果的建筑物时，在画面构图及起稿上要求将透视关系刻画准确，利用三点透视原理画出近大远小的俯视效果。加强整个画面的空间感和纵深感。

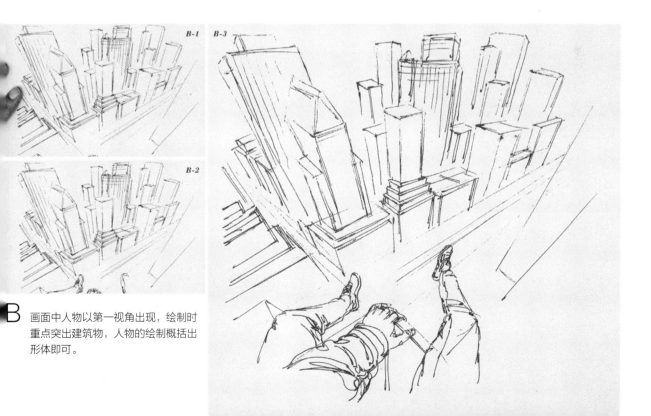

B 画面中人物以第一视角出现，绘制时重点突出建筑物，人物的绘制概括出形体即可。

C　用排线的不同来突出纵深感。同一建筑物越远的地方块面越小，排线就越密集，离视线较近的建筑物顶部排线相对疏松。绘制时注意线条的粗细、疏密变化。

D　完善建筑物的细节，处理好建筑物暗部及人物暗部和阴影的关系。最后绘制街道的车辆。车辆的绘制能够突出画面的纵深感及透视感，加强画面的俯视效果。

繁华香港

绘制步骤

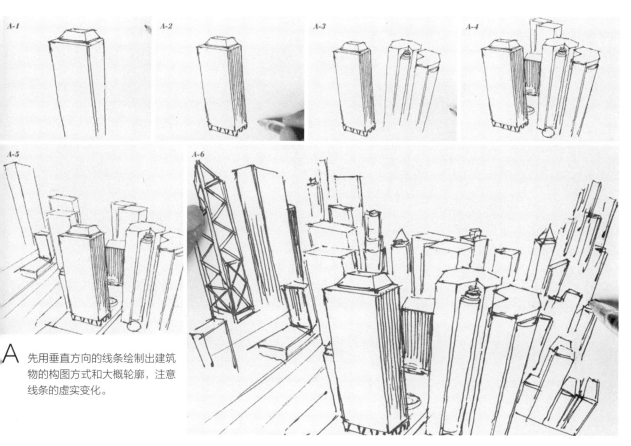

A 先用垂直方向的线条绘制出建筑物的构图方式和大概轮廓，注意线条的虚实变化。

B 加强主体建筑物的细节绘制，其他建筑物削弱处理，来衬托主体建筑物。

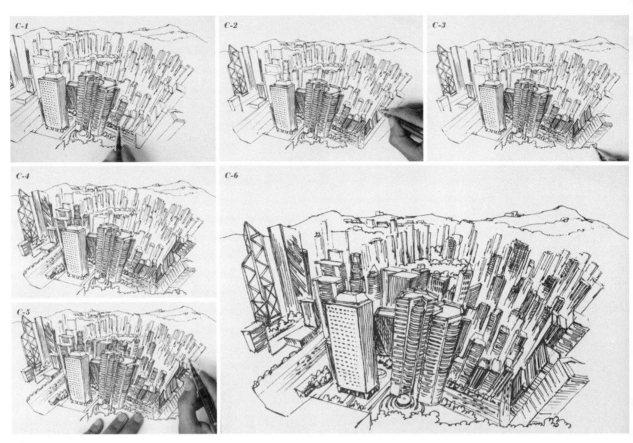

C 深入绘制建筑物的细节，分清主次关系。加强明暗对比，使整个画面空间感更强。

D 最后完善画面细节，绘制出远处的山体。建筑物的硬朗与山体的柔和形成鲜明的对比，使整个画面丰富、有感染力。

第7章

综合练习

● 概念建筑　　● 欧式建筑　　● 国风建筑

7.1 概念建筑

北京望京SOHO

绘制步骤

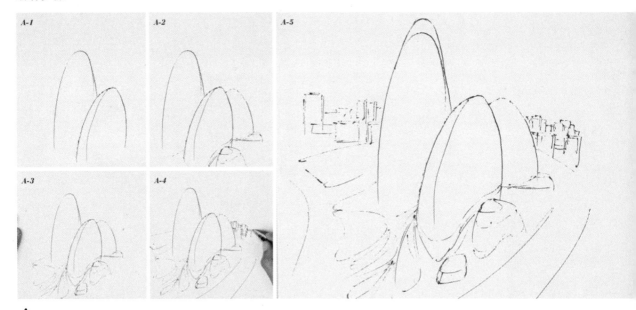

A 北京望京 SOHO 建筑物特点明显,具有特殊的地标作用。构图方式的确定能够更好地凸显建筑物的特点。绘制时注意线条的弧度和流畅性。

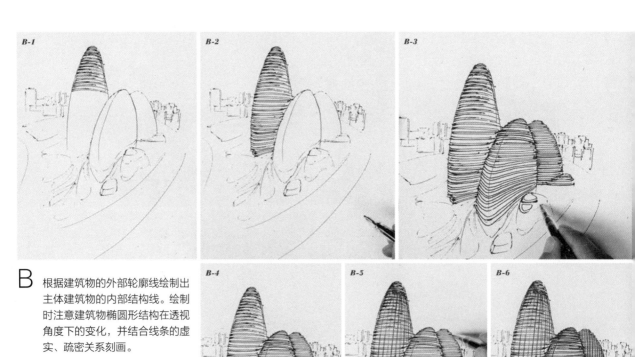

B 根据建筑物的外部轮廓线绘制出主体建筑物的内部结构线。绘制时注意建筑物椭圆形结构在透视角度下的变化,并结合线条的虚实、疏密关系刻画。

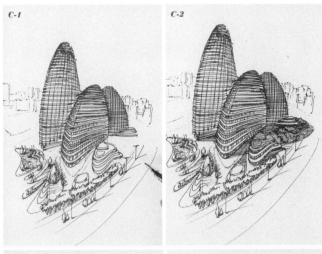

C 完善建筑物的内部结构线条，然后用不规则的块面来表现建筑物前的树木，要有明暗区分。根据近大远小的原则绘制建筑物的轮廓。

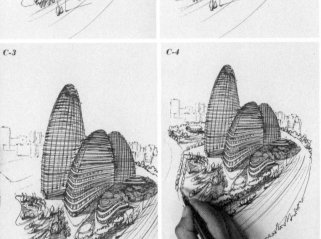

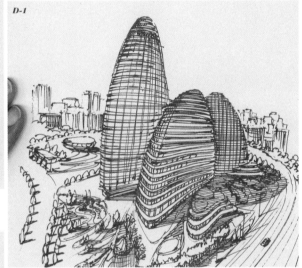

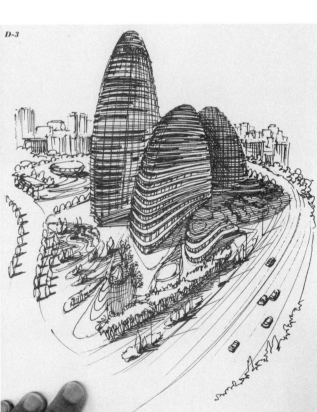

D 重点刻画主体建筑物的细节，其他建筑物简化处理。在天空绘制云朵作为点缀，丰富画面，完成绘制。

扎哈曲线建筑

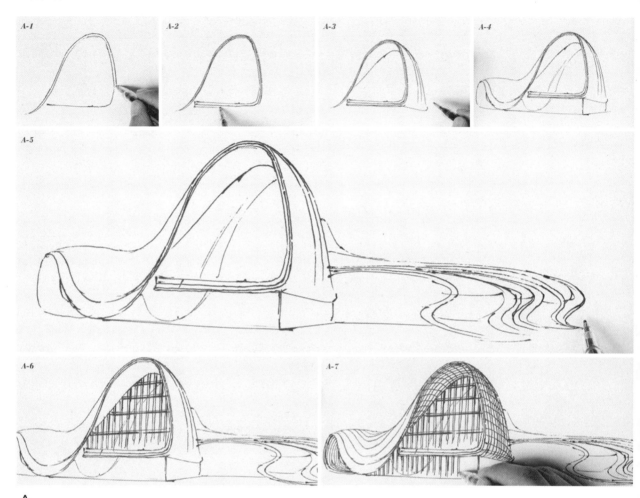

A 确定好画面构图方式后，用大曲线绘制出建筑物外部轮廓，注意大曲线在两点透视中的应用，建筑物的透视关系要准确。开始刻画建筑物内部结构线，线条的长短、粗细要把握好。

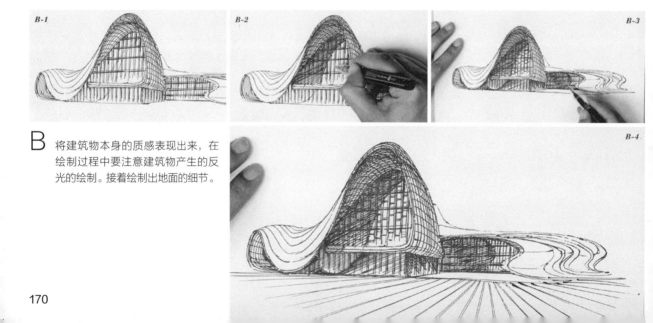

B 将建筑物本身的质感表现出来，在绘制过程中要注意建筑物产生的反光的绘制。接着绘制出地面的细节。

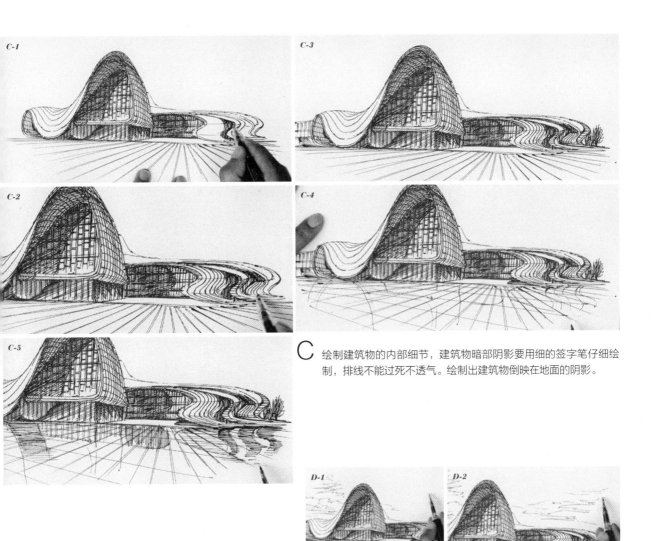

C 绘制建筑物的内部细节，建筑物暗部阴影要用细的签字笔仔细绘制，排线不能过死不透气。绘制出建筑物倒映在地面的阴影。

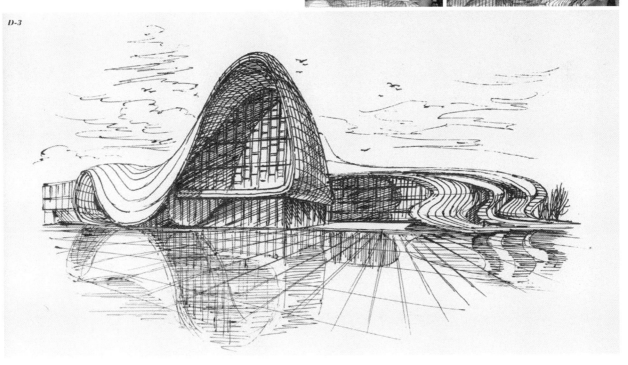

D 地面倒影的刻画要有反光的体现，能够反映出地面的质感。绘制时建筑物的整体流畅性与天空中的云朵、飞鸟整体和谐统一，使画面层次感分明，富有感染力。

方盒子建筑

绘制步骤

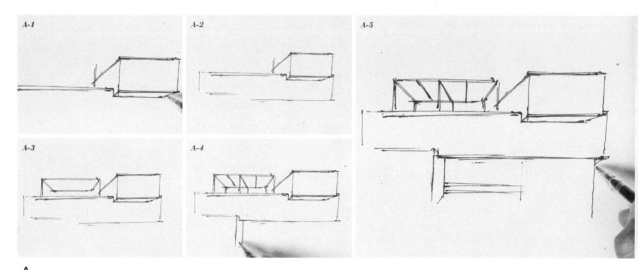

A 用流畅的直线绘制建筑物外部轮廓，方形石材的建筑物绘制时要利索。绘制中要把握好建筑物的透视原则。注意线条相互间的穿插关系。

B 建筑物前面的植物在绘制时线条要多变、丰富，植物外部的轮廓用不规则的线条绘制。植物的暗部与投影要绘制出来，注意光源的方向和暗部的关系。

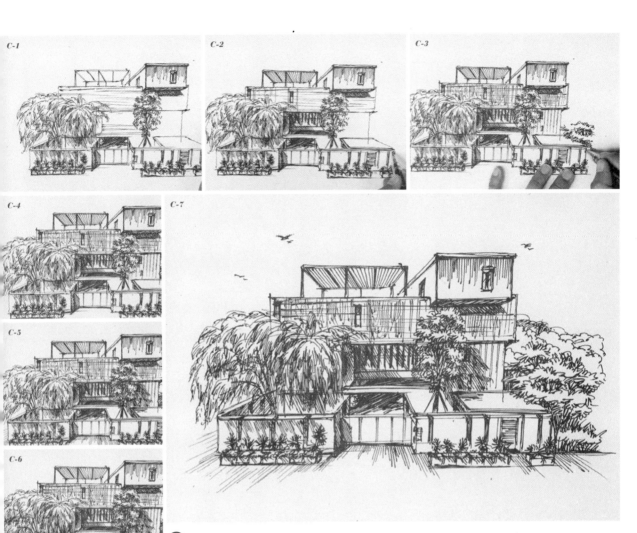

C 建筑物的排线方式要区别于植物，建筑物本身石质材质的表现可以用大块面的明暗关系表现。可以通过线条的疏密来表现明暗关系。

D 最后画出空中的飞鸟，使画面有灵动感。

纸片建筑

绘制步骤

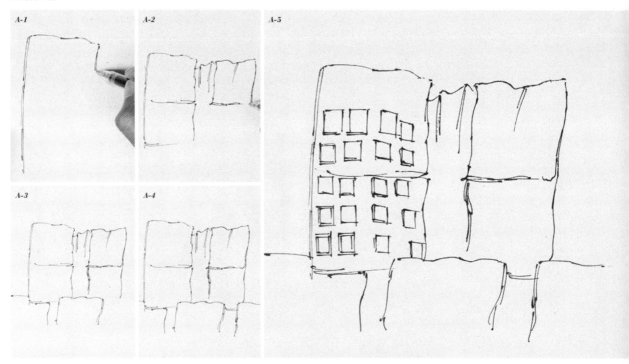

A　确定好画面的构图，绘制建筑物的外部轮廓。建筑物的特点确定了"折线"在建筑物外立面的处理方式。折线的运用要符合建筑物外立面的特点。

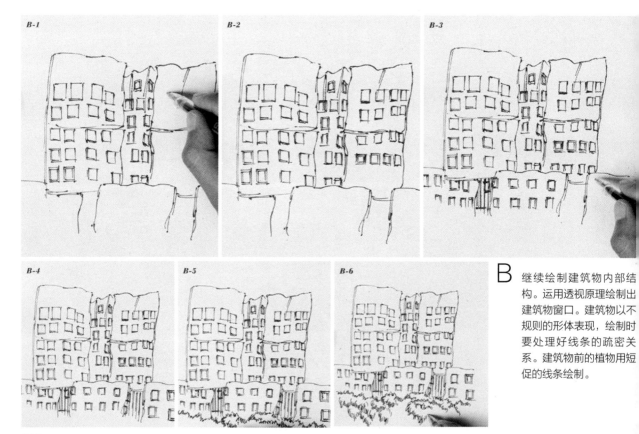

B　继续绘制建筑物内部结构。运用透视原理绘制出建筑物窗口。建筑物以不规则的形体表现，绘制时要处理好线条的疏密关系。建筑物前的植物用短促的线条绘制。

174

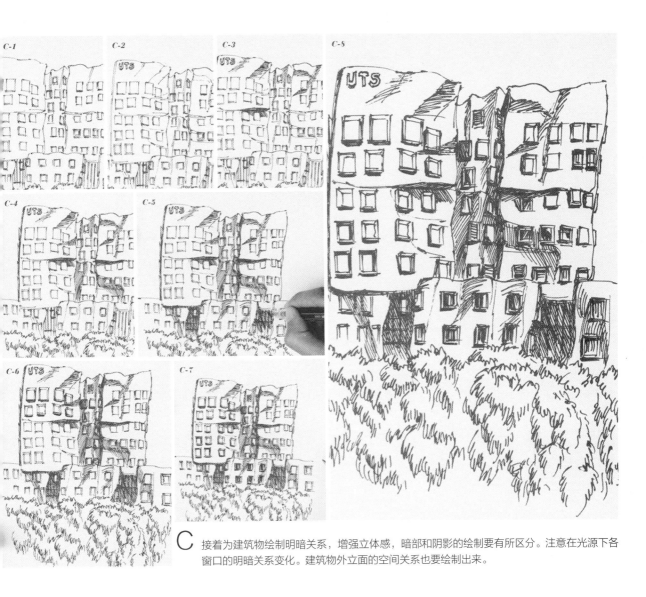

C 接着为建筑物绘制明暗关系，增强立体感，暗部和阴影的绘制要有所区分。注意在光源下各窗口的明暗关系变化。建筑物外立面的空间关系也要绘制出来。

D 明暗关系的表达使建筑物的立体感强烈，空间感增强。将建筑物整体层次感、距离感都表达到位。前面植物的绘制在排线上要注意虚实、疏密关系。

曲线建筑

绘制步骤

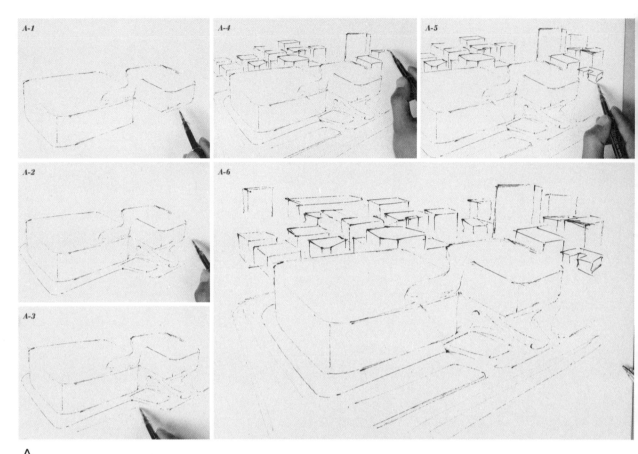

A 曲线建筑的绘制要注意圆弧形在两点透视中的运用，将画面的透视关系画准确。用准确的尺寸、比例确定出建筑群体在画面中的位置。勾画出大致外部轮廓线。

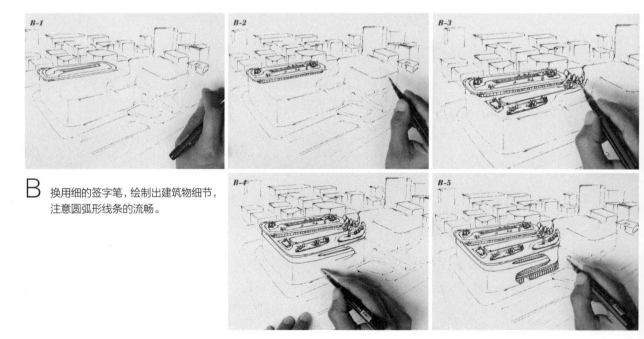

B 换用细的签字笔，绘制出建筑物细节，注意圆弧形线条的流畅。

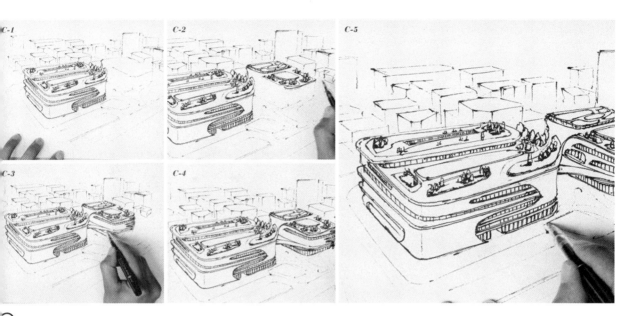

继续深入刻画视觉中心建筑物的细节，绘制时要认真观察建筑物本身的特点，对所要绘制的画面作适当的增减调整。注意建筑物顶部的细节变化和相互间的比例对比。

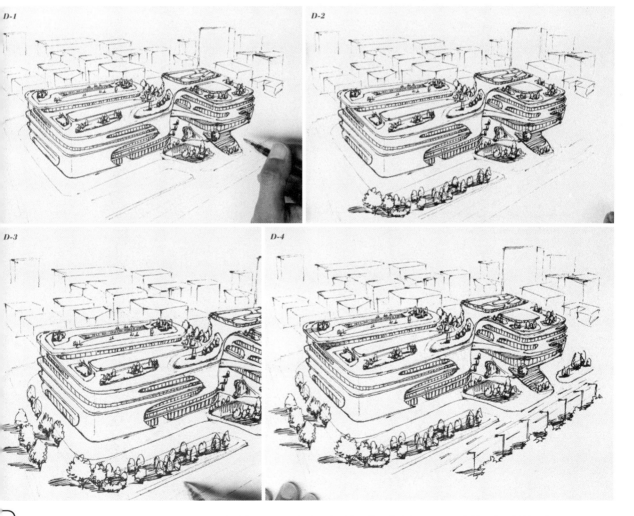

在上一步的基础上根据近大远小的透视原理绘制植物及周围道路、路灯的形体，将暗部阴影和明暗关系也要绘制出来。

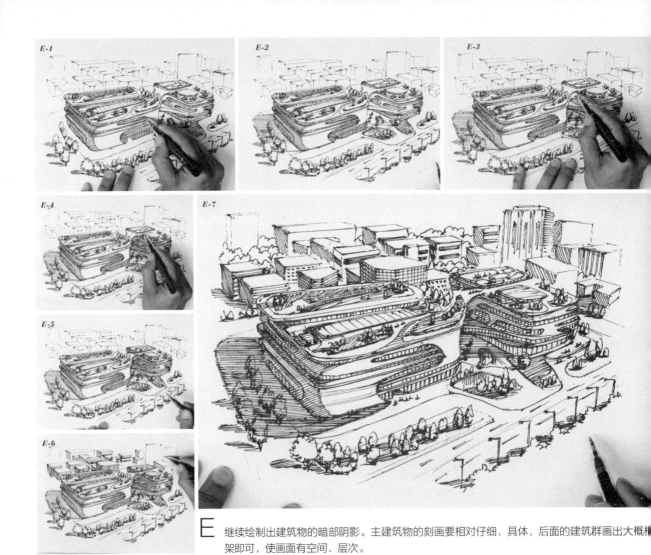

E 继续绘制出建筑物的暗部阴影。主建筑物的刻画要相对仔细、具体，后面的建筑群画出大概框架即可，使画面有空间、层次。

F 完善画面细节，调整局部的刻画,使画面更加厚重、真实、富有感染力。

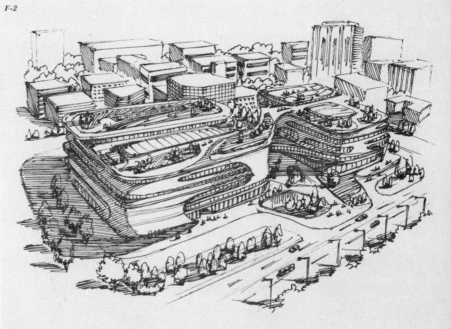

7.2 欧式建筑

哥特式教堂

绘制步骤

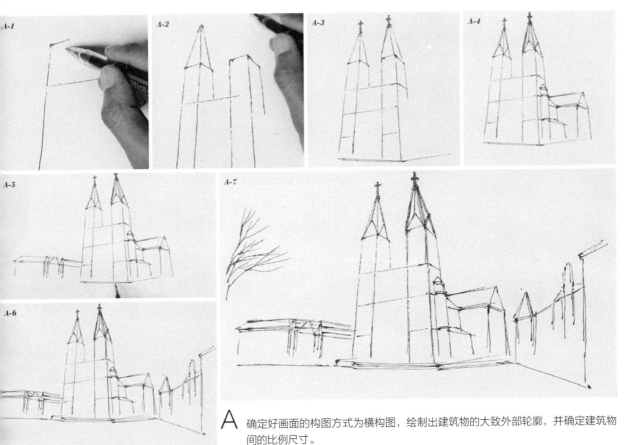

A 确定好画面的构图方式为横构图，绘制出建筑物的大致外部轮廓，并确定建筑物间的比例尺寸。

B 用较细的签字笔刻画主体建筑物的内部结构，刻画细致、到位。用块面的明暗关系突出建筑物光感的表达。建筑正面的大面积留白处理与侧面暗部细节的深入刻画形成鲜明的对比。使建筑物体积感更强。

C 绘制次要的建筑物和周围植物。植物的前后关系要区别出来，不能混为一体。植物的绘制能够更好地凸显出建筑物。

D 增加地面的暗部处理，与主体建筑物形成明暗
对比，以更好地突出建筑物本身。最后绘制云
朵与飞鸟丰富画面。

市政厅

绘制步骤

A　确定画面的构图方式，并绘制出建筑物与周围环境的大致轮廓。确定出建筑物间的比例和尺寸，注意透视规律。用较细的签字笔绘制出建筑物屋顶的排线。注意建筑物间的相互穿插关系。

B　绘制出建筑物石质的质感。墙面石材的表现与墙面留白的对比强烈，明暗关系处理得当。使整体块面清晰，光感十足。

卢浮宫

绘制步骤

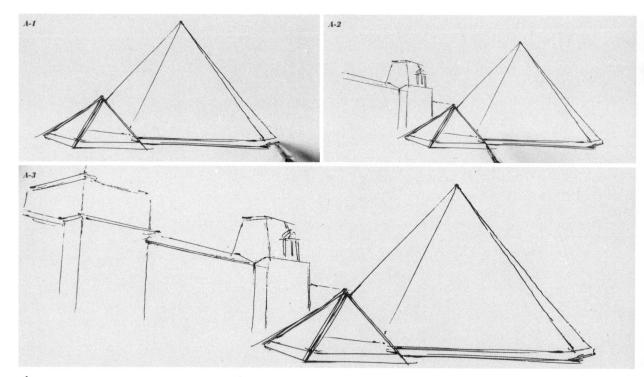

A 确定好画面的构图方式，大致绘制出画面的线稿。用较粗的签字笔绘制建筑出外形。绘制时注意线条的虚实变化。掌握好近实远虚、近大远小的透视关系。

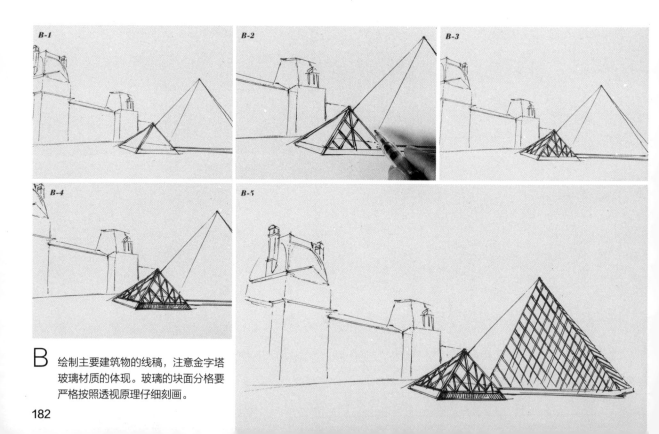

B 绘制主要建筑物的线稿，注意金字塔玻璃材质的体现。玻璃的块面分格要严格按照透视原理仔细刻画。

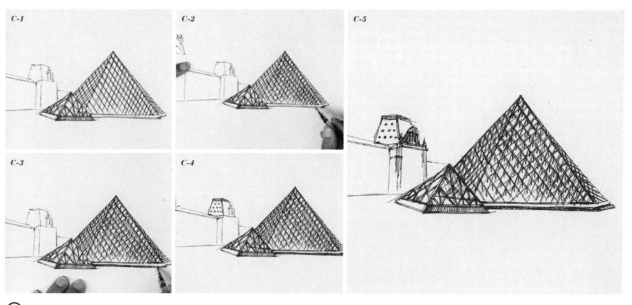

C　深入刻画金字塔的玻璃材质。玻璃随光线的变化产生不同的明暗，要用明暗对比的方式绘制出金字塔玻璃材质的光感变化。线条要直、要硬，才能更好地表现出玻璃材质的坚硬和平整感。

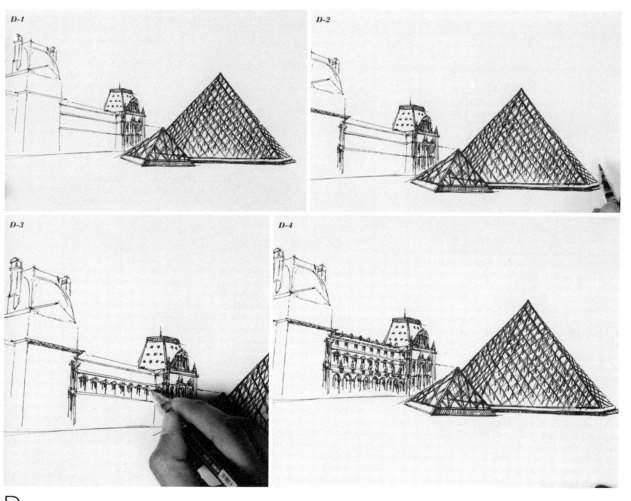

D　画出后面建筑物的内部细节，利用透视规律绘制出门窗及建筑物边角。绘制时相对于前面金字塔作简化处理，不能喧宾夺主，要有前后层次的区分。

E　绘制建筑物细节，内部结构的绘制要符合近大远小的规律，绘制过程中要把握整体，从大的画面效果出发，尤其要与前面金字塔形成主次关系对比。另外在排线处理上也要有明确的区别，以突出重点。

F　最后绘制地面细节和天空云朵及飞鸟，丰富整体画面。玻璃材质的透明特性也要表现出来，透过玻璃可以看到后面的物体。

雅典神庙

绘制步骤

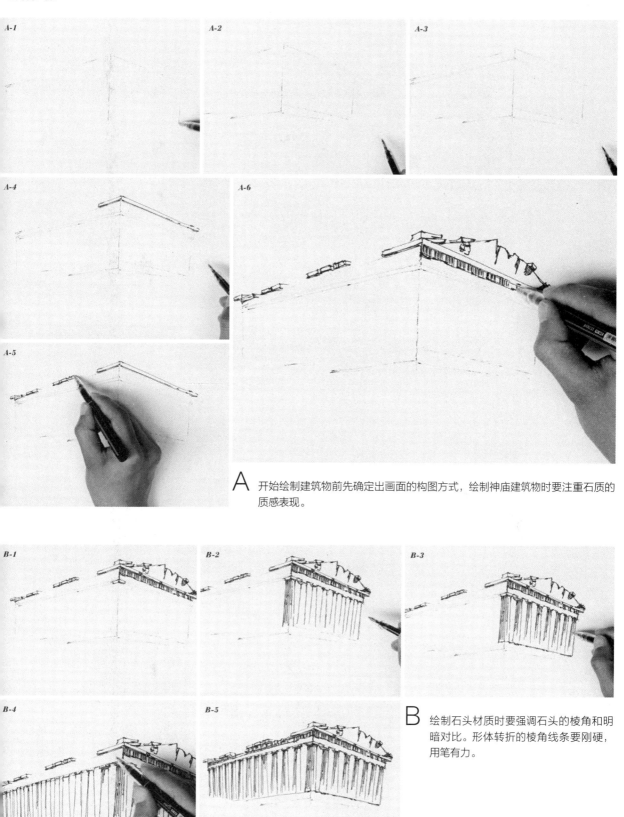

A　开始绘制建筑物前先确定出画面的构图方式，绘制神庙建筑物时要注重石质的质感表现。

B　绘制石头材质时要强调石头的棱角和明暗对比。形体转折的棱角线条要刚硬，用笔有力。

C 因石头的坚硬特性，所以下笔要肯定、干脆，表现出石头硬朗、粗糙的质感。绘制石头时投影的刻画能够突出体积感。

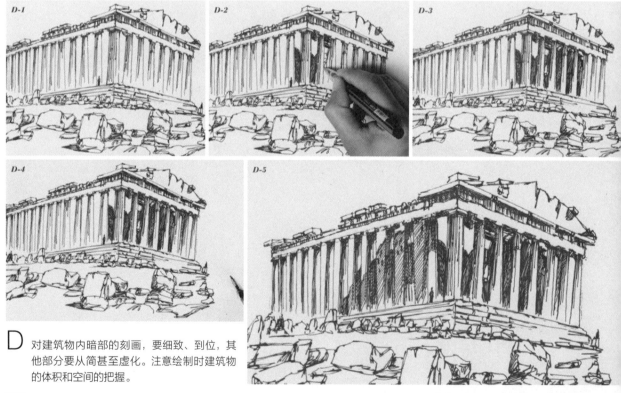

D 对建筑物内暗部的刻画，要细致、到位，其他部分要从简甚至虚化。注意绘制时建筑物的体积和空间的把握。

E 　继续深入刻画建筑物及周围环境，石头的明暗过渡要自然。

F 　锋利的尖角和粗糙、坚硬分明的几何体面，使整体画面富有年代气息。建筑物石质的坚硬质感，棱角分明的结构与后面山体的柔软相呼应，整体和谐统一。

米兰大教堂

绘制步骤

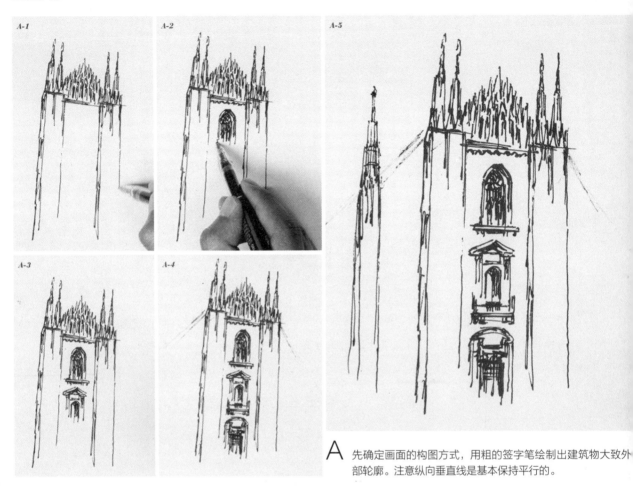

A 先确定画面的构图方式，用粗的签字笔绘制出建筑物大致外部轮廓。注意纵向垂直线是基本保持平行的。

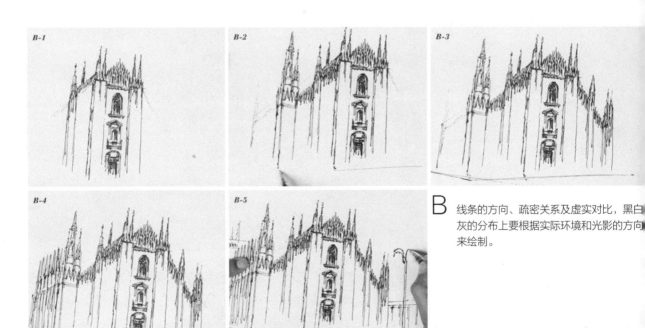

B 线条的方向、疏密关系及虚实对比，黑白灰的分布上要根据实际环境和光影的方向来绘制。

C 建筑物外形复杂，多变，在绘制时要正确把握其透视原理。绘制出建筑物整体的暗部颜色，突出建筑物的体积感。大致绘制出人物的形态特征，人物的添加要符合比例。

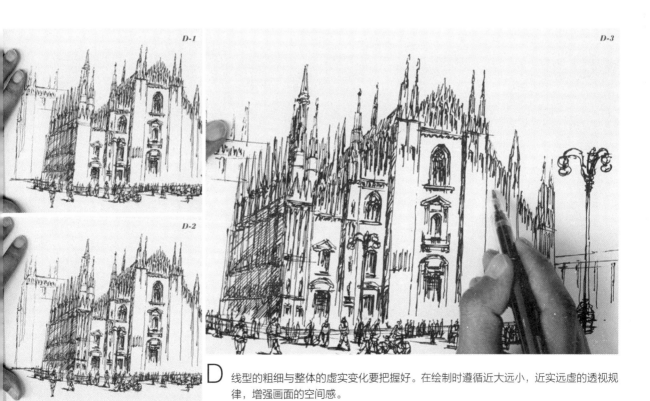

D 线型的粗细与整体的虚实变化要把握好。在绘制时遵循近大远小、近实远虚的透视规律，增强画面的空间感。

E　深入绘制建筑物整体细节，人物的前后关系要处理好。添加画面中的其他建筑物外形，画出大概形体即可以突出主体建筑物。使建筑物整体更加有厚重感。

F　完善画面，绘制时人物的明暗及阴影部分要绘制出来。使建筑物的特点明确，主次分明，整体画面更有层次感和空间感。

7.3 国风建筑

湘西古韵

绘制步骤

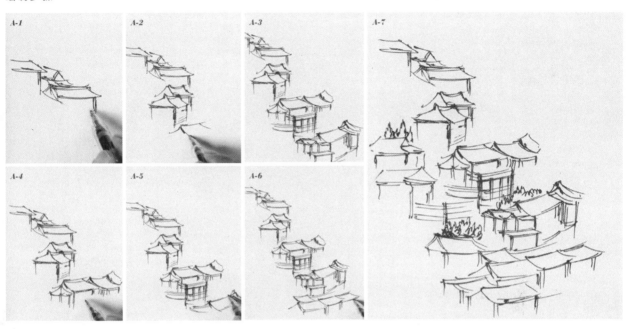

A 用明确简练的线条绘制出建筑物的外形轮廓。确定出画面的构图方式。建筑物的构图方式很重要，不同构图，画面的效果和想要表达的情感也不相同。画面中近景重点绘制，而中景和远景的作用是衬托近景和烘托气氛，可次要绘制。

B 绘制建筑物轮廓。在布局上要有主次之分，以突出主体，重要表现画面的中心建筑物。增强画面的整体性，注意画面中线条的疏密、虚实变化。

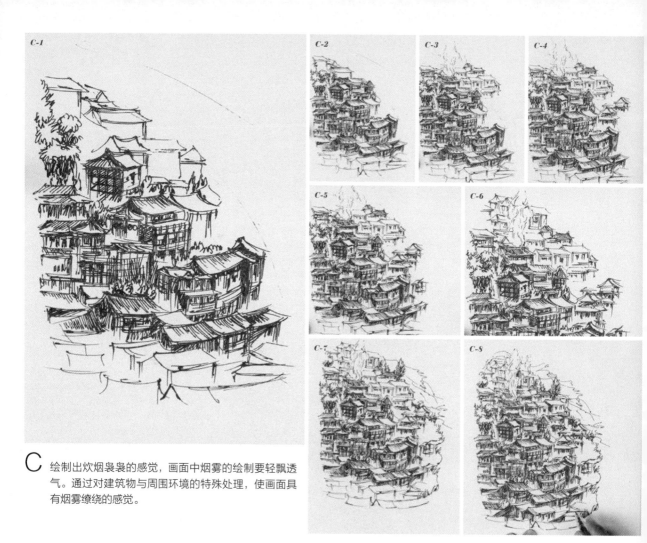

C 绘制出炊烟袅袅的感觉，画面中烟雾的绘制要轻飘透气。通过对建筑物与周围环境的特殊处理，使画面具有烟雾缭绕的感觉。

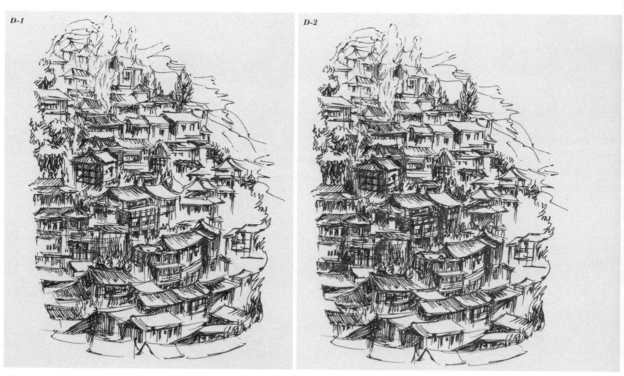

D 绘制画面，添加细节，调整整体关系，使建筑形象更加突出，整幅画面更生动、贴近生活。

闽南土楼

绘制步骤

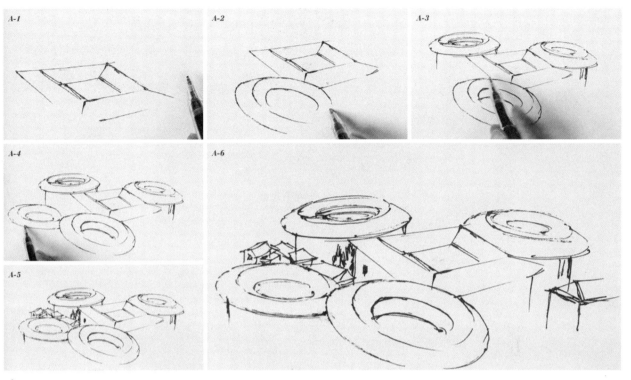

A 确定出画面的构图方式，取景要符合构图法则。用流畅的线条绘制建筑物特点鲜明的圆顶结构，注意建筑物间尺寸比例的透视关系。

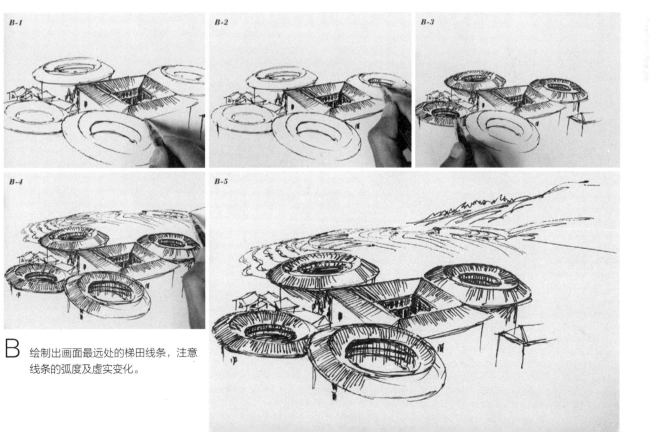

B 绘制出画面最远处的梯田线条，注意线条的弧度及虚实变化。

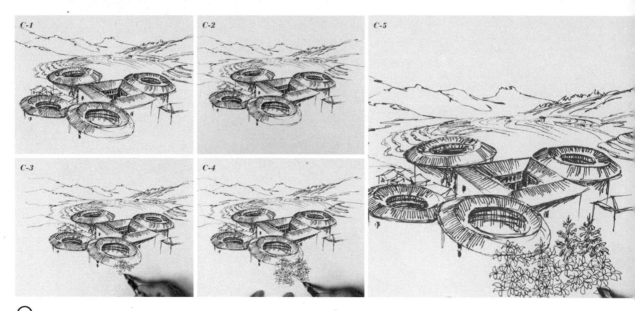

C 深入刻画有特点、典型的建筑屋顶的结构，使主体建筑物更加突出，整幅画面更具生活气息，绘制出画面的层次感，使建筑物之间的前后对比增强。排线上要有疏密变化，对光感的把握要明确。

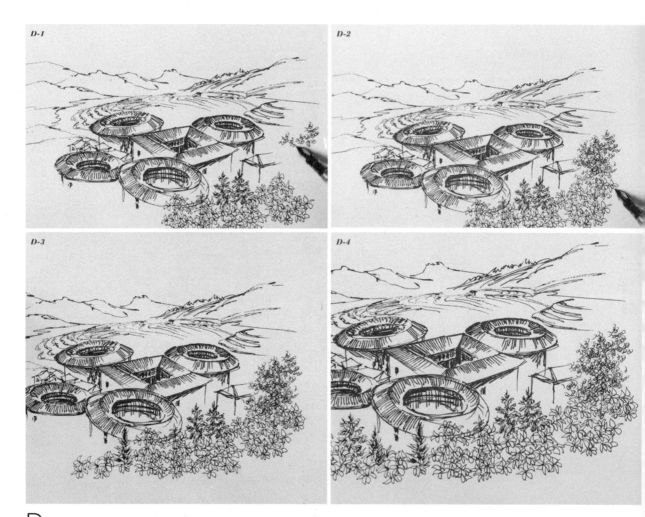

D 福建土楼具有很强的地域特色，建筑物前面的植物以不同于建筑绘制风格的线条绘制，画出植物的明暗关系拉伸画面的纵深感。建筑物不同结构层次的叠加和高低错落使整体看上去有厚重感和层次感，使整体画面活泼、生动。

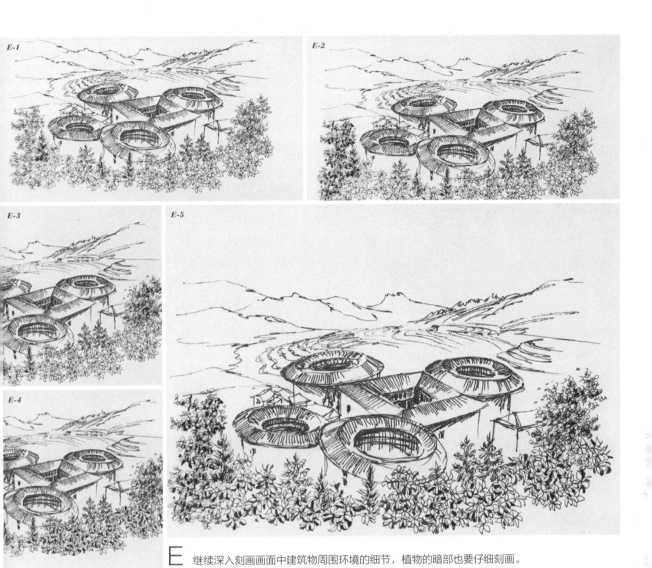

E　继续深入刻画画面中建筑物周围环境的细节，植物的暗部也要仔细刻画。

F　最后完善画面细节，再添加一些环境绘制，以此来烘托画面的整体气氛。

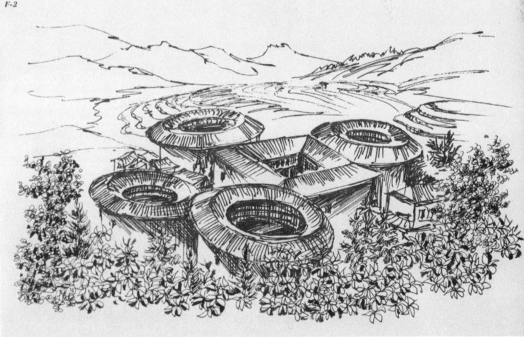

皇城根儿

绘制步骤

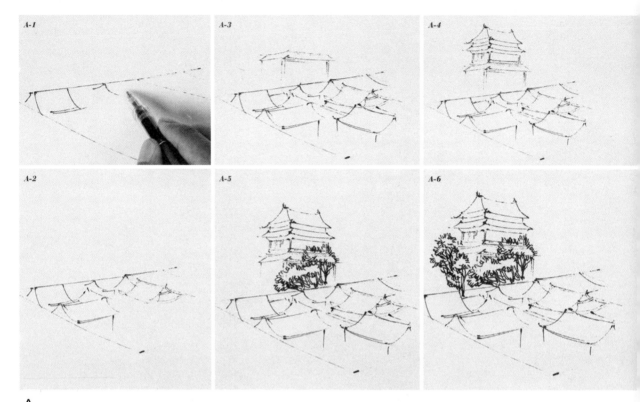

A 先选出理想的角度，形成完整的构图方式，然后开始用粗的签字笔绘制出建筑物轮廓，注意线条的虚实变化。建筑物与建筑物之间的尺寸比例要恰到好处，透视关系要准确。

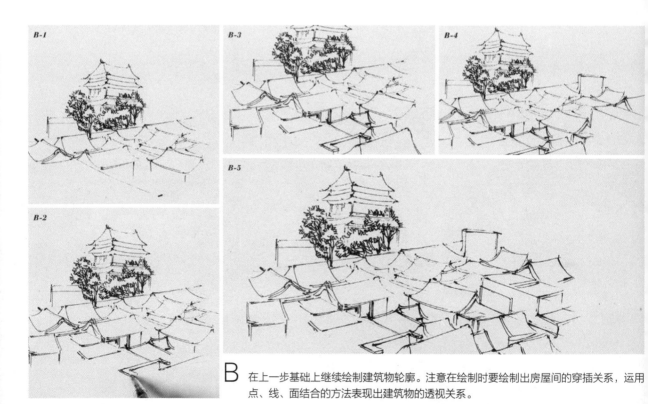

B 在上一步基础上继续绘制建筑物轮廓。注意在绘制时要绘制出房屋间的穿插关系，运用点、线、面结合的方法表现出建筑物的透视关系。

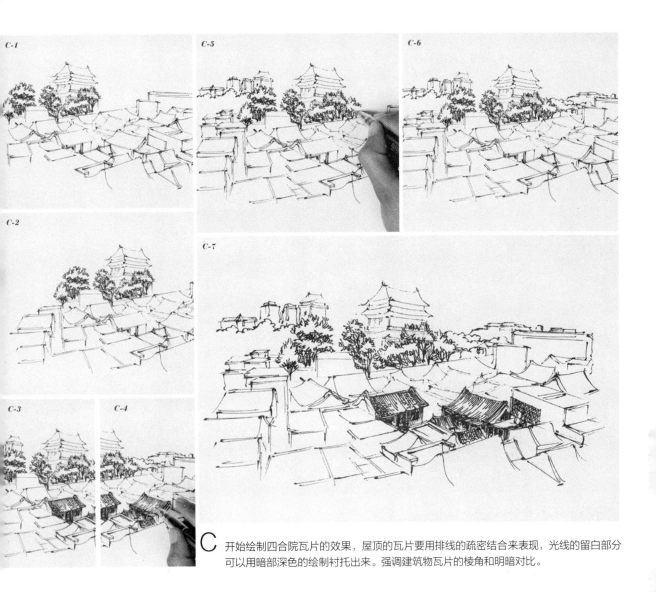

C 开始绘制四合院瓦片的效果，屋顶的瓦片要用排线的疏密结合来表现，光线的留白部分可以用暗部深色的绘制衬托出来。强调建筑物瓦片的棱角和明暗对比。

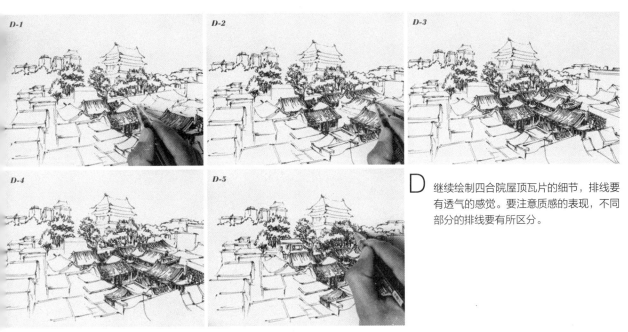

D 继续绘制四合院屋顶瓦片的细节，排线要有透气的感觉。要注意质感的表现，不同部分的排线要有所区分。

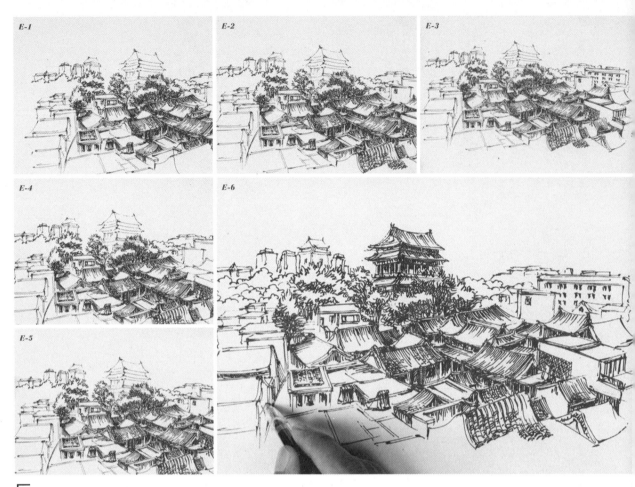

E　画面中四合院的视觉中心要相当仔细绘制，而其他部分要次要表现，以起到衬托主体的作用，使画面有层次，突出主体建筑物。

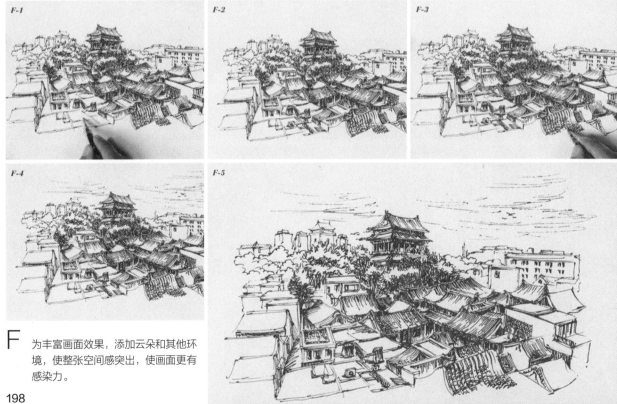

F　为丰富画面效果，添加云朵和其他环境，使整张空间感突出，使画面更有感染力。